Margaret Mahaney spricht über Truthähne

Margaret Mahaney

Writat

Diese Ausgabe erschien im Jahr 2024

ISBN: 9789359947983

Herausgegeben von
Writat
E-Mail: info@writat.com

Inhalt

EINFÜHRUNG

Von Philip R. Park

Vor mehr als eineinhalb Jahrhunderten wurde in Concord, Massachusetts, ein Schuss abgefeuert, der auf der ganzen Welt zu hören war. Dieser Schuss beendete die Herrschaft des Monopols und markierte den Beginn einer neuen Ära – des Aufbaus eines neuen Reiches.

Nicht weniger wichtig für alle Truthahnliebhaber ist der Schuss, den Margaret Mahaney in derselben wunderschönen Altstadt abfeuerte, als sie erstmals dem Schreckgespenst ein Ende setzte, das so lange über der Truthahnindustrie schwebt, d. h . h., *Mitesser*. Nicht weniger erfolgreich war ihr Sieg über praktisch alle Krankheiten, die diesen schönen Vogel befallen.

Es ist wirklich unglaublich, dass Miss Mahaney in einer Saison 300 Truthähne mit einem Verlust von weniger als 2 Prozent aufgezogen hat, während die Versuchsstationen und landwirtschaftlichen Hochschulen sowie fast alle Geflügelzüchter jahrelang behauptet haben, dass Truthähne nicht aufgezogen werden könnten in diesem Staat. Jeder würde dies als wunderbare Arbeit anerkennen, wenn man es auf Hühner anwendet, aber wenn man es mit Truthähnen durchführt, ist es doppelt wunderbar. Dieselben Leiter der Experimentierstation hatten Miss Mahaney gesagt, dass sie die Dinge, die sie bereits vollbrachte, nicht tun könne, doch als sie ihre Farm besuchten , hoben sie die Hände und gingen weg, in der Erkenntnis, dass es sich hier um eine Frau handelte, die das Wunder vollbracht hatte.

Miss Mahaney war eine wunderbar fähige, ausgebildete Krankenschwester, die bei ihrer Arbeit zusammenbrach und aufs Land geschickt wurde, um ihr Leben zu retten, wobei sie besonders dazu gedrängt wurde, eine Arbeit im Freien aufzunehmen. Die Geflügelhaltung reizte sie von Anfang an, vor allem aber die Putenhaltung aufgrund der zu überwindenden Schwierigkeiten. Wenn sie das tun könnte, was andere nicht konnten , wäre sie zufrieden. Jeder konnte Hühner züchten, aber kaum jemand konnte Truthähne züchten. Hier war eine Aufgabe, die ihr Freude bereitete, und ein Problem, das sie reizte. Die Schwierigkeiten, denen sie begegnete, hätten jeden außer einem Pionier ihres Charakters entmutigt. Ihr tiefer mütterlicher Instinkt (und sie ist im übertragenen Sinne die Mutter von allem und jedem auf dem wunderschönen Anwesen, auf dem sie lebt) brachte die Babys und alten Truthähne durch ihre Mitesserprobleme und durch ihre medizinische Ausbildung, zusammen mit der Hilfe, die sie durch den Kontakt erhielt Mit Mitgliedern ihrer Familie, die Ärzte waren, erkannte sie Symptome und Heilmittel, die man als Wunder anerkennen konnte, ohne die Wahrheit zu überschreiten. Sie hat die Früchte ihres Lebenswerks zur Lösung eines Problems eingesetzt, und eines Tages wird das gesamte Land von Maine bis Kalifornien seinen Hut vor Margaret Mahaney heben, der Dame aus Concord, Massachusetts, die das wiederhergestellt hat, was sein sollte verloren: – die Kunst, Truthähne zu züchten, – und das in Geflügelställen unter praktisch den gleichen Bedingungen wie Hühnern.

Wenn Sie Zeit finden, nach Concord zu gehen, rufen Sie auf jeden Fall Miss Mahaney an, sie wird Sie herzlich willkommen heißen. Sie wird Ihnen mehr Truthähne zeigen, als jemals zuvor in einer Herde in den östlichen Bundesstaaten aufgezogen wurden, und sie wird Ihnen gerne die einfachen Methoden erklären, die sie anwendet. Auf den folgenden Seiten erzählt sie Ihnen auf ihre Art, wie ihr das gelingt.

Wir wiederholen: Miss Mahaney ist eine wundervolle Frau. Sie verfügt über ein wunderschönes Anwesen, auf dem sie diese Vögel züchten kann, aber andere leisten ebenso wunderbare Arbeit mit ihnen, indem sie ihren Lehren folgen.

EIN BRIEF AN MEINE LESER

Türkei-Park,

Concord, Messe.

Meine lieben Leser:—

Das Folgende ist eine Kopie eines Briefes, den ich kürzlich erhalten habe und der die Art von Mitteilungen darstellt, die ich seit über drei Jahren täglich aus allen Teilen des Landes erhalte:

Meine liebe Miss Mahaney:—

Obwohl wir einander fremd sind, schreibe ich Ihnen heute über die Truthahnzucht. Ich habe vor einiger Zeit in der „Boston Post" gelesen, dass Sie bei der Aufzucht von Truthähnen gute Erfolge erzielt haben, daher erlaube ich mir, Ihnen schriftlich Anweisungen zu geben, wenn Sie mir diese freundlicherweise geben würden. Ich habe mehrere Jahre lang versucht, ein paar aufzubringen, aber es war eine harte Arbeit. Etwa sechs bis sieben Wochen lang ging es ihnen gut, dann erkrankten sie an Leber- und Darmbeschwerden und verschwanden. Was ist nun das Problem? Womit müssen sie gefüttert werden? Müssen sie im Freiland gehalten oder in einem Garten gehalten werden? Wie muss ich es eigentlich schaffen, Truthähne aufzuziehen? Welche Erfahrungen haben Sie gemacht? Schreib mir bitte.

Mit freundlichen Grüßen usw.

Als Antwort auf solche Briefe wie die oben genannten bringe ich meine Methoden in Buchform auf den Markt, um die Truthahnzüchter aufzuklären und ihnen mitzuteilen, dass ich zuerst Erfolg hatte, wo andere versagt haben.

Zunächst besuchte ich zwei oder drei Bauernhöfe im Land. Ich fand, dass man sich überhaupt nicht um die Truthähne kümmerte . Eine gewöhnliche Henne wurde ziemlich gut versorgt, gefüttert und warm gehalten. Der Truthahn sollte für sich selbst Futter suchen, sich nachts und bei jedem Wetter auf alten Wagen oder jedem anderen Schlafplatz niederlassen, den der Vogel bequem fand. Die Bedingungen waren alles andere als hygienisch. Inzucht war Jahr für Jahr erlaubt, da man davon ausging, dass ein Kater für die Truthähne von fünf oder sechs Nachbarn ausreichte.

Ich besuchte insbesondere einen Bauernhof, auf dem es Truthähne aus sehr schönem Bestand gab , insgesamt etwa zwanzig. Natürlich waren sie klein und blass und hatten sich nicht so entwickelt, wie sie es hätten tun sollen. Sie brüteten in einer Art Schuppen direkt neben dem Scheunenkeller, so dass sie Zugang zum Scheunenkeller hatten, und streiften den ganzen Tag auf dem

Misthaufen umher. Der Mist wurde durch eine Öffnung unter den Kühen nach unten geleitet. Das Dach dieses Schuppens hatte keine Schindeln, und bei nassem Wetter prasselte der Regen einfach auf die Vögel nieder. Es ist nur natürlich, dass solche Erkrankungen zu Gruppen und allen möglichen Krankheiten führen. Die Vögel werden sich noch nicht entwickelt haben und können unmöglich stark genug sein, wenn der Frühling kommt, um die Pflichten der Brutzeit zu erfüllen.

Rucken und anderen Krankheiten behaftet .

Es ist noch nicht allzu lange her, seit ich mich mit einem Herrn aus Vermont unterhalten habe. Er erzählte mir, dass Vermont einst viel Geld mit der Truthahnzucht verdiente. Als die Truthähne vier oder fünf Wochen alt waren, schossen die Züchter sie einfach aus und ließen sie auf sich selbst aufpassen. Diejenigen, die den Sommer überstanden, Stürme und alle anderen Widrigkeiten überstanden hatten, wurden im Herbst zusammengetrieben, für den Markt gemästet oder an Züchter verkauft. Das nannten sie „klaren Gewinn". Jeder kann leicht nachvollziehen, wozu dieser „klare Gewinn" geführt hat.

Das Ergebnis ist, dass unsere prächtigen Bronzetruthähne jedes Jahr zu Tausenden aussterben, und zwar innerhalb von sieben oder acht weiteren Jahren, wenn nicht etwas unternommen wird, um den Truthahn zu stärken und ihn zumindest auf dem Niveau der gewöhnlichen Henne, unserer berühmten, zu halten Der Truthahn Amerikas wird der Vergangenheit angehören. Wenn der Truthahn hingegen, wenn er geschlüpft ist, gutes Futter bekommt, wie in einem anderen Teil meines Buches beschrieben, wird er gepflegt, bis das Rot geworfen wird, und dann wird er nachts in einen guten, warmen Stall verwandelt, der bei feuchtem Wetter trocken und warm gehalten wird, und Bei angemessener Fütterung können drei Drittel der Probleme bei der Putenaufzucht vermieden werden.

Den Zuchthühnern muss Sorge getragen werden. Sie müssen in sanitären Räumen gehalten werden, reichlich gutes Futter erhalten, mit vier Tropfen Eisentinktur auf eine Gallone Wasser, reichlich Kalk und Sand, etwa halb und halb, und an einem Ort gelassen werden, an dem sie es nach Belieben essen können. Wenn Sie gemahlenen Knochen geben, achten Sie darauf, dass er sehr fein ist, da er sich leicht im Mundwinkel festsetzt und manchmal Geschwüre verursacht. Wenn dies geschieht, schwillt das Kinn des Vogels an, und bei genauer Untersuchung findet man ein kleines Stück weißen Knochens, das entfernt und das Maul mit Sulfonapthol oder Presto-Desinfektionsmittel gewaschen werden muss. Normalerweise verwende ich meine Salbe zwei- bis dreimal, bevor die Wunde verheilt ist. Wenn der Vogel, der die Eier legt, gut und stark ist, werden die geschlüpften Truthähne stark und robust sein, und „ *sie von Anfang an wachsen zu lassen* " war schon immer mein Motto.

In meinem Schlussabsatz möchte ich allen meinen Lesern sagen, dass ich bei allem, was ich in diesem Buch geschrieben habe, äußerst aufrichtig und direkt war. Allen, die dies lesen, möchte ich herzlich einladen, meine Truthahnfarm in Concord, Massachusetts, zu besuchen, damit Sie sich selbst ein Bild von den Fortschritten machen können, die ich in den letzten acht Jahren bei der Aufzucht von Truthähnen in Höfen unter den gleichen Bedingungen wie gemacht habe Hühner, eine Leistung, die bisher von Versuchsstationen als unmöglich erachtet wurde, im von Geflügel überfüllten Neuengland.

Ich beschäftige mich seit vielen Jahren mit dem Problem der Truthahnaufzucht und glaube aufrichtig, dass ich in der Lage bin, anderen, die vielleicht Anfänger sind wie ich, Ratschläge zu den Schwierigkeiten der Truthahnaufzucht und der besten Methode, sie zu überwinden, zu geben.

Ich verbleibe,

Mit freundlichen Grüßen,

MARGARET MAHANEY .

19. März 1913.

FAKTEN ÜBER DIE TÜRKEI-ERHÖHUNG

Das einzig Wesentliche für jemanden, der Truthähne züchtet oder zu züchten versucht, ist Geduld oder Beharrlichkeit, wie auch immer Sie es nennen möchten. Jedem, der darüber nachdenkt, mit dieser Arbeit zu beginnen, kann ich nur sagen, dass er auf jede Menge Schwierigkeiten und vieles stoßen wird, das ihn entmutigen und entmutigen wird, aber wenn Sie bedenken, dass jeder Misserfolg oder jede Entmutigung Ihr Wissen über und über noch mehr erweitert Wenn Sie viel Erfahrung in dieser Arbeit gesammelt haben, sollte es Ihnen Mut machen, weiterzumachen, und wenn Sie immer weitermachen und jedes noch so kleine bisschen Erfahrung, das Sie dabei gesammelt haben, nutzen und sinnvoll nutzen, ist am Ende der Erfolg mit Sicherheit vorprogrammiert. Ich werde Ihnen ein paar der entmutigenden Dinge erzählen, die mir widerfahren sind, und auch von meiner Methode, Truthähne zu züchten, einer Methode, die auf langjähriger Erfahrung basiert und angesichts vieler Entmutigungen perfektioniert wurde, und ich hoffe, dass ich Ihnen das erzähle vielleicht etwas lernen, das von Nutzen sein wird.

Ich begann mit zwölf Puteneiern. Hätte ich damals gewusst, wie schwer es ist, sie zu erziehen, hätte ich es wahrscheinlich versucht? Aus dieser Menge Eiern habe ich acht Truthähne ausgebrütet und nur einen großgezogen. Ich habe sie Hen-Hen genannt, und sie ist heute auf meinem Platz und steht an der Spitze meiner ganzen Herde.

Im darauffolgenden Jahr schlüpfte ich über dreißig Truthähne aus, und es gelang mir nur, vier aufzuziehen. Meine Arbeit wurde dann im Tiefland fortgesetzt . Im nächsten Jahr stelle ich die alte Henne auf ein höheres Gelände, wo ich heute meine gesamte Herde großziehe. Sie hat fünfzehn Truthähne ausgebrütet, und ich habe alle bis auf einen aufgezogen. Ich habe einige der jungen Kater getötet und alle Junghennen behalten, die ich alle noch habe, und sie sind prächtig, kräftig, kurzbeinig, schwer und von prächtiger Bronze.

Dann schickte ich nach Kentucky und holte einige der besten Bestände heraus, die ich dort unten finden konnte, und begann dann meinen Kampf mit der Aufzucht von Truthähnen. Ich hatte, soweit es ging, sehr gute Erfolge. Anfangs wusste ich kaum etwas über die richtige Fütterung und das richtige Futter für meine Truthähne, aber im Laufe der Jahre lernte ich durch meine Erfahrung in der Fütterung viel.

ZUCHT

Jetzt werde ich Ihnen so prägnant wie möglich die Methode erläutern, die ich bei der Aufzucht von Truthähnen für richtig halte. Erstens ist es notwendig, eine gute, starke zweijährige Henne zu haben, mit der man züchten kann, mit einem Kater, der überhaupt nichts mit der Familie zu tun hat. Eines der wichtigsten Dinge, die Sie unbedingt vermeiden sollten, *ist* Inzucht. Ich bevorzuge viel lieber eine gewöhnliche Henne, unter der ich meine ersten Eier ausbrüten kann; Dadurch haben die Puten viel länger Zeit zum Legen. Ich halte es für besser, meine *Putenhühner* auf meine Juni-Eier zu setzen. Ich habe fünfzehn Eier unter eine Truthahnhenne gelegt und elf unter eine gewöhnliche Henne.

Wenn die kleinen Truthähne herauskommen, desinfiziere ich ihre Köpfe und die Unterseite der Flügel mit meiner eigenen Salbe. Haben Sie jemals einen kleinen Truthahn gesehen, der eine Erkältung im Kopf hat und sich den Schnabel unter den Flügeln abwischt? Ich habe oft festgestellt, dass die Federn unter ihren Flügeln aufgrund dieser schlecht erzogenen Angewohnheit verfilzt waren. Das ist natürlich kein gesunder Zustand für einen jungen Vogel, der heranwächst , und das ist der Grund, warum ich meine Salbe unter seinen Flügeln und auf seinen Köpfen desinfiziere, und sie sehen danach immer strahlender aus.

ZEIGEN DES LAUFSTILS

Ich habe gute, stabile Ausläufe, 5 Fuß lang und 4 Fuß breit, mit hohen Ställen und einer gründlichen Belüftung von oben, die die gesamte unreine und überhitzte Luft abführt und die Temperatur am Boden der Ställe für die kleinen Truthähne normal hält . An heißen Tagen decke ich meine Läufe mit Sackleinen ab.

Die Puten müssen sauber und trocken gehalten werden und ihr Stroh muss täglich gut gelüftet werden. Einmal pro Woche wasche ich den Boden des Stalls mit Desinfektionsmittel aus und lege sauberes Stroh hinein.

Ich gebe ihnen dreimal täglich so viel Salat, wie sie essen können, denn das Geheimnis der Truthahnaufzucht besteht darin, ihren Darm in Ordnung zu halten und den Kot leuchtend grün zu halten. Sobald ich einen kleinen Truthahn mit hängenden Flügeln sehe, nehme ich ihn von den anderen weg und behandle ihn wie auf Seite 82 beschrieben .

Ich habe meine eigenen Pillen zur Heilung von Mitessern erfunden und sie werden jetzt größtenteils von Truthahnzüchtern in ganz Neuengland verwendet. [1]

Wenn meine kleinen Truthähne etwa drei oder vier Tage alt sind, gebe ich ihnen *Margaret Mahaneys* Truthahnfutter und ein wenig Magermilch mit einem guten festen Salatfutter – alles, was sie essen können. Mittags füttere ich sie erneut mit Salat und sauberem Wasser mit Eisentinktur, 4 Tropfen pro Gallone Wasser. Abends füttere ich sie mit in Milch getränktem Brot und fein geschnittenem Salat mit einer Zwiebel und einem Schuss roter Paprika. Nachdem sie den ganzen Tag über Trockenfutter bekommen haben, genießen sie nachts das weiche Futter. Es gibt keinen Grund, warum Sie nicht erfolgreich sein können, wenn Sie meine Methode bei der Aufzucht von Truthähnen anwenden und Ihre Ausläufe auf einer Anhöhe haben.

Wenn die Truthähne richtig aufgezogen werden, ist ihre Aufzucht nicht schwieriger als die von Hühnern. Wenn die Junghennen etwa vier Monate alt sind, sollten sie zweimal pro Woche Bittersalz (einen kleinen Teelöffel auf eine Gallone Wasser) erhalten . Dadurch bleibt der Truthahn in gutem Zustand und das Blut kühl. Auch ein Esslöffel Eisensulfat in einem Eimer Wasser sollte an einem Ort stehen, an dem sie es trinken können. Bewahren Sie sie gut und trocken auf, bis sie zum Versand bereit sind, da Truthähne bis zum Alter von einem Jahr anfällig für Mitesser sind.

Gerne gebe ich Menschen, die sich für dieses Thema interessieren, alle in meiner Macht stehenden Informationen weiter. Während die Experimental Colleges einige Bulletins über die Pflege von Truthähnen herausgegeben haben, muss die Person, die einen Bericht über die Aufzucht von Truthähnen herausgibt, auf das Feld gehen und sie vom Moment der Küken bis zur Reife begleiten entsorgt werden muss, und dann wird es viele Jahre dauern, bis er alles über die Putenzucht weiß. Ich habe mich jahrelang mit meinen Truthähnen beschäftigt und denke, dass ich jetzt in der Lage bin, jedem Züchter alle Informationen zu geben, die er zu diesem Thema benötigt.

DAS MAHANEY-SYSTEM ENTWICKELT STARKE, ROBUSTE VÖGEL

KURZER ÜBERBLICK ÜBER MEINE METHODE ZUR TRUTHAHNZUCHT

Als Erstes wähle ich eine gute, ruhige Henne aus, die seit zwei oder drei Tagen in der Brutzeit ist, und setze sie in ein tiefes, warmes Nest, nicht zu weit vom oberen Rand der Box entfernt, damit die Henne beim Füttern nicht mitgeht Zerbrich die Eier, indem du darauf springst, wenn sie zum Nest zurückkehrt. Zwölf Eier scheinen eine große Anzahl von Puteneiern zu sein, die man unter eine Henne legen kann, aber das ist es, was ich unter jede gewöhnliche Henne lege, und manchmal brüte ich alle Eier aus. Ich sprühe die Nester gut mit Schwefel ein und verwende meine Salbe auch bis zum sechzehnten Tag auf der Henne. Danach trage ich kein Desinfektionsmittel mehr auf die Henne oder ihr Nest auf, da sich zu diesem Zeitpunkt Leben in den Eiern befindet und das Desinfektionsmittel sehr leicht dazu neigt, es abzutöten.

Wenn die Eier zu schlüpfen beginnen, schlüpfen einige vor den anderen; Diese nehme ich mit, lege sie in eine gute, warme, mit Flanell umwickelte Kiste und halte sie gut und warm, bis alle Eier geschlüpft sind und die Mutter sie aufnehmen kann. Wenn sie zwei Tage alt sind, setze ich die jungen Truthähne in einen guten, sauberen Stall, der gut weiß getüncht und wasserdicht ist. Meine Läufe sind 5 Fuß lang und 4 Fuß breit. Ich sperre meine kleinen Vögel die ersten vier Tage im Hühnerstall ein, bis sie brav und kräftig werden. Danach, wenn das Wetter schön und warm ist, lasse ich sie gegen zehn Uhr raus und setze sie gegen drei Uhr hinein.

Ihre erste Mahlzeit besteht aus einem hartgekochten Ei, einem Shake roter Paprika und drei Teilen fein geschnittenem Löwenzahn. Sie können ihnen alles Grünfutter geben, das sie fressen, aber auch Holzkohlepulver und feines Splitt. Nachdem sie 3 oder 4 Tage alt sind, gebe ich ihnen trockengepresstes Brot und Milch sowie das Truthahnfutter *von Margaret Mahaney* .

Die jungen Küken werden in Ausläufen gehalten, die jeden Tag an einen neuen Ort gebracht werden sollten, und es muss darauf geachtet werden, dass sie sauber, trocken und warm gehalten werden. Außerdem muss das Stroh aus den Ställen entfernt und gründlich gelüftet und gut und sauber gehalten werden Der hygienische Zustand ist bei der Putenaufzucht die halbe Miete. Platzieren Sie Ihre Läufe auf einem seitlichen Hügel mit Blick nach Süden. Decken Sie die Läufe an heißen Tagen mit Sackleinen ab.

Lassen Sie sie jeden Nachmittag mindestens zwei Stunden lang an einem angenehmen und trockenen Ort in die Ausläufe, bis die Vögel neun Wochen alt sind. Lassen Sie sie bei feuchtem Wetter nicht vor ihrem zweiten Lebensjahr raus, denn sie sind sehr anfällig für Feuchtigkeit und sollten bei regnerischem und feuchtem Wetter im Stall und warm gehalten werden.

Während die kleinen Vögel draußen sind, achten Sie sorgfältig auf Falken und Schädlinge.

Geben Sie den Truthähnen so viel Milch, wie Sie sich leisten können, damit sie weiter wachsen. Pflanzen Sie ein gutes Salatfeld und geben Sie ihnen so viel Gemüse, wie sie essen können, und Sie werden feststellen, dass sie dreimal am Tag Salat mit großem Vergnügen essen.

Eines der Geheimnisse der Truthahnaufzucht besteht darin, den Kot leuchtend grün zu halten; Das hält natürlich die Leber in gutem Zustand und trägt wesentlich dazu bei, Mitesser aus der Herde fernzuhalten. Nehmen Sie etwas Limette, schütten Sie sie ab, geben Sie die Hälfte Sand dazu und machen Sie eine Art weichen Brei daraus. Legen Sie dies auf ein Brett und trocknen Sie es; Dann zerkrümeln Sie es und lassen Sie es dort liegen, wo Ihre kleinen Truthähne es zum Fressen bekommen können.

„Geben Sie den Truthähnen so viel Milch, wie Sie können"

Halten Sie sie in trockenen, dichten Häusern mit offener Südseite, damit sie reichlich frische Luft ohne Zugluft haben.

Wenn es an der Zeit ist, sie aus den Ausläufen zu lassen, können Sie sie jeweils drei bis vier Stunden lang draußen lassen; Sie werden feststellen, dass sie wieder laufen wollen, wenn sie müde werden. Geben Sie ihnen nachts nicht viel Futter; Geben Sie ihnen genügend Zeit, alles in ihrem Darm zu verdauen, und dann sind sie bereit für eine gute Morgenmahlzeit.

Das Rote werfen

Wenn sie Anzeichen von Rotwerden zeigen, geben Sie drei- bis viermal pro Woche vier Tropfen Eisentinktur in eine Gallone Trinkwasser. Wenn es kalt und regnerisch ist, geben Sie jeden Tag einen Tropfen Aconitum ins Wasser, solange das nasse Wetter anhält. Dadurch wird verhindert, dass sie sich erkälten, und da Erkältung das erste Anzeichen von Mitessern und Durchfall ist, kann man leicht erkennen, dass eine kleine Vorsichtsmaßnahme mehr wert ist als ein Pfund Heilung.

Um Läuse von den kleinen Truthähnen fernzuhalten, müssen Sie Ihre Hühner und Truthähne sehr häufig desinfizieren. Meine Salbe für diesen Zweck ist ein praktisches und wirksames Mittel.

Wenn Sie tun, was ich Ihnen in den obigen Absätzen gesagt habe , glaube ich nicht, dass Sie große Schwierigkeiten bei der Aufzucht von Truthähnen haben werden. Halten Sie sie unbedingt trocken, bis sie fünf Monate alt sind.

ZUCHT

Auswahl und Behandlung von Zuchttieren

Es gibt einige Regeln, die bei der Auswahl von Truthähnen für die Zucht beachtet werden müssen, wenn eine erfolgreiche Zucht erfolgen soll. Nachlässige Gleichgültigkeit hat den Truthahnzüchtern unendlich viel Ärger bereitet. In einigen Fällen, die der Autor untersucht hat, stammen alle Truthähne, die sich an einem Ort befinden, von dem einen ursprünglichen Vogel ab, der viele Jahre zuvor gekauft wurde! In einem Fall hieß es, seit zwanzig Jahren sei kein Nachwuchs in die Nachbarschaft gekommen. Wäre dieses törichte Verfahren fortgesetzt worden, hätte dies zur Zerstörung der Verfassungskraft der Truthähne geführt.

REGELN FÜR DIE AUSWAHL DER AKTIEN

Einige einfache Regeln, die sich vorteilhaft beachten lassen, lauten wie folgt:

Zuchttiere immer Truthühner, die älter als ein Jahr sind. Stellen Sie sicher, dass sie kräftig, gesund und kräftig sind und eine gute mittlere Größe haben. Wählen Sie auf keinen Fall die kleineren aus, aber streben Sie nicht danach, sie ungewöhnlich groß zu machen.

2. Das Männchen kann ein Einjähriger oder älter sein. Glauben Sie nicht, dass die großen, übergroßen Männchen die besten sind. Stärke, Gesundheit und Vitalität bei gut proportionierter mittlerer Größe sind die Hauptmerkmale der Exzellenz.

3. Vermeiden Sie eine enge Verpaarung. Für Puten ist neues Blut von entscheidender Bedeutung. Es ist besser, tausend Meilen für ein neues Männchen zurückzulegen, als das Risiko einer Inzucht einzugehen. Sichern Sie sich einen Vogel im Herbst, um sich vor der Brutzeit seiner gesunden und kräftigen Konstitution zu vergewissern.

ART DER HÜHNER ZUR AUSWÄHLEN

Welche Putensorte auch immer für die Haltung ausgewählt wird, sie sollten vor allem kräftig, kräftig, gesund und gut ausgereift, aber nicht verwandt sein. Es ist besser, die Weibchen von einem Ort und die Männchen von einem anderen zu sichern, um sicherzustellen, dass sie nicht miteinander verwandt sind, anstatt das Risiko einer Inzucht einzugehen. Bei allen Hühnern ist zu bedenken, dass die Größe weitgehend vom Weibchen und die Farbe und Ausführung des Männchens beeinflusst wird. Es ist keine kluge Strategie, einen zu großen Mann für die Paarung mit kleinen, schwachen Hennen zu sichern. Ein mittelgroßes Männchen mit einem gut dimensionierten Weibchen mit guter körperlicher Verfassung und reifem Alter wird weitaus besser abschneiden als der größte männliche Vogel mit den kleinsten Weibchen.

Der kluge Bauer wählt als Saatgut immer den allerbesten Mais oder das beste Getreide aller Art aus. Ebenso sorgfältig sollte auf die Auswahl des Zuchtviehs bei Puten geachtet werden. Das Beste, was auf dem Bauernhof gezüchtet wird, sollte den Erzeugern vorbehalten bleiben und man sollte bedenken, dass Putenhühner von bester Qualität nach dem zweiten und dritten Jahr die besten Erzeuger sind. Behalten Sie Ihre besten Junghennen im Blick. Untergroße Hennen, denen es an körperlicher Vitalität mangelt, sind nicht die Art, die man für eine erfolgreiche Truthahnzucht auswählen sollte. Wenn man bedenkt, dass der männliche Truthahn in Bezug auf die Zucht die Hälfte der gesamten Herde ausmacht, kann es sein, dass wir bei der Auswahl mehr Sorgfalt walten lassen müssen. Keiner kann für diesen Zweck zu gut sein. Die Verfassungskraft ist von größter Bedeutung. Ohne dies kann er keinerlei Wert für den beabsichtigten Zweck haben. Wichtig sind reichlich Knochen, eine volle, runde Brust und ein langer Körper. Unabhängig von der Abstammung oder Zucht der Henne sollte das Männchen aus einer der Standardsorten ausgewählt werden. Wenn es sich bei den Hennen um dieselbe Standardsorte handelt, sollten die Männchen derselben Sorte ausgewählt werden, um den Bestand in seiner Reinheit zu erhalten. Gut ausgewählte Individuen einer der verschiedenen Standardsorten liefern bessere Ergebnisse, als durch Kreuzung erzielt werden können, die dazu neigt, die Schwachstellen beider Seiten der Kreuzung ans Licht zu bringen. Richtige Kreuzungen können das erste Problem verbessern, aber wenn sie weiterverfolgt werden, erweisen sie sich selten als erfolgreich.

ANZAHL WEIBLICHER ZU EINEM MÄNNLICHEN

Die beste Paarungsregel besteht darin, sich auf Höfe zu beschränken und acht oder neun Weibchen auf ein Männchen zu setzen; Manche sagen zwölf, aber ich begatte immer nur acht Weibchen mit einem Kater. Das Ergebnis dieser Zahl ist, dass sich alle meine Eizellen als fruchtbar erweisen.

Wenn sie im Hof sind und acht bis zehn Weibchen gehalten werden, ist es besser, zwei Kater zu haben und den einen eingesperrt zu halten, während der andere bei den Hühnern ist, und sie mindestens zweimal pro Woche zu wechseln. Wenn sie auf einem Bauernhof frei herumlaufen, teilen sie sich auf natürliche Weise in Schwärme auf. Verwenden Sie unter solchen Bedingungen ein Männchen und nicht mehr als sechs Weibchen.

Achten Sie darauf, Zuchtbestand zu erhalten

März und April sind die beiden Monate im Jahr, in denen die Zuchthenne besonders gepflegt werden sollte. Erstens halte ich sie warm und bequem, indem ich ihnen eine Kiste mit Sand zur Verfügung stelle, in der sie sich jeden Tag abstauben können. Es gibt keinen Vogel, der so viel Freude daran hat, sich abzustauben wie der Truthahn. Sie wälzt sich stundenlang in der Sonne im Sand herum und das macht sie glücklich und zufrieden.

Zu diesem Zeitpunkt füttere ich reichlich Truthahnfutter mit Austernschalen *von Margaret Mahaney, das* immer in Reichweite ist, und füttere drei- oder viermal pro Woche eine Mischung aus Weizen, Hafer, Gerste, etwas Maisbrei und Rindfleischresten. Geben Sie reichlich Trinkwasser und geben Sie drei bis vier Mal pro Woche ein oder zwei Tropfen Eisentinktur auf eine Gallone Trinkwasser. Dadurch bleibt der Vogel gesund und stark. Nehmen Sie halb Kalk und halb Sand, machen Sie einen Brei daraus und verteilen Sie ihn zum Trocknen auf einem Brett. Wenn es hart ist, legen Sie es in eine Kiste und lassen Sie es dort, wo Ihre Truthahnhenne es nach Belieben fressen kann. Das hilft, die Eier reifen zu lassen. Sie ist zu diesem Zeitpunkt sehr zart. Während der gesamten Legesaison muss sie warm und komfortabel gehalten werden. Alles trägt dazu bei, dass die Truthahnzuchtsaison erfolgreich verläuft.

PAARUNG

Der März ist der richtige Zeitpunkt, um Ihre Putenställe zu begatten. Ich habe einen Kater in einen Stall mit acht Hühnern gesetzt. Ich beobachte meine Putenhühner sehr genau, um sicherzustellen, dass sie durch die Sporen des Katers in keiner Weise verletzt werden. Wenn die Truthahnhenne mit gesenktem Flügel herumläuft, wissen Sie, dass sie verletzt ist, und wenn Sie sie hochnehmen, werden Sie wahrscheinlich feststellen, dass ihre Seite vom Kater zerrissen wurde. Waschen Sie sie sorgfältig mit einem Desinfektionsmittel, und wenn die Wunde genäht werden muss , ist es besser, sie zu nähen, da sie dann schneller heilt.

FÜTTERUNG WÄHREND DER BRUCHSAISON

Füttern Sie Ihre Puten im Februar und März nicht mit zu reichhaltigem Futter oder zu vielen Rindfleischresten oder Futter jeglicher Art, das die Hühner dazu zwingt, zu früh zu legen. Sie möchten nicht, dass vor dem ersten Mai oder letzten April junge Küken schlüpfen . Wenn meine Putenhennen zu legen beginnen, füttere ich ein Bodenfutter, das nach meiner Rezeptur von The Park & Pollard Company aus Boston, Mass., hergestellt wird, das sie unter dem Namen *Margaret Mahaney's Turkey Feed* herausbringt und das beschafft werden kann von ihnen sind alle bereit zum Füttern. Halten Sie ausreichend Rindfleischreste und Austernschalen griffbereit bereit. Zweimal wöchentlich Eisentinktur ins Trinkwasser geben, vier Tropfen auf eine Gallone Wasser; Lassen Sie eine Gallone Wasser in jeden Stift. Die Eisentinktur hält die Vögel stark und in guter Verfassung, da eine junge Putenhenne sehr leicht schwächer wird, nachdem ihr erster Wurf Eier gelegt wurde. Manchmal sterben sie, wenn sie nicht richtig gepflegt werden.

Halten Sie ständig eine Mischung aus halb Sand und halb Limette bereit, die zu einem weichen Brei verarbeitet wird. Wenn es trocken ist, zerkrümeln Sie es und lassen Sie es dort liegen, wo Ihre Truthähne es zum Fressen bekommen können. Sie fressen es hungrig und es hilft, die Eierschalen hart zu machen.

Nester und Nester.

Wenn die Putenhenne zum Legen bereit ist, wird sie zunächst in alle Ecken schauen, denn wenn sie auf dem Hof liegt, ist es ihre Natur, nach einem dunklen und abgelegenen Ort zum Legen zu suchen. Ich platziere acht Putenhennen vier gute dunkle Nester. Ich stelle diese her, indem ich Packkisten verwende, deren Deckel aufgesetzt ist und deren Öffnung zur Hauswand zeigt, sodass gerade genug Platz für den Vogel bleibt. Ich habe gutes, sauberes Heu in die Kiste gelegt. Die Truthahnhenne wird sich sehr freuen, wenn sie feststellt, dass niemand sie in ihrem Nest sehen kann. Es wird sie sehr zufrieden machen, und da wir jetzt Truthähne im häuslichen Zustand züchten, fast genauso wie die gewöhnliche Henne, warum ihnen nicht die gleiche Pflege zukommen lassen? Sie werden auf lange Sicht feststellen, dass Sie viel mehr Truthähne aufziehen werden, wenn eine Truthahnhenne in den kalten Wintermonaten richtig untergebracht und warm gehalten wird. Die Putenhenne beginnt drei Monate, bevor sie zu legen beginnt, ihre Eier zu züchten, und da wir alle wissen, dass der Truthahn ein sehr kalter Vogel ist, ist es nur natürlich, dass er warm gehalten wird. Meine Häuser sind komfortabel, dicht und trocken, aber von der Südseite gut belüftet.

Wenn die Truthahnhenne etwa achtzehn oder neunzehn Eier gelegt hat , zeigt sie Anzeichen dafür, dass sie sich setzen möchte. Nehmen Sie sie ganz leise aus dem Nest, bringen Sie sie in einen anderen Stall und geben Sie ihr einen guten Auslaufbereich mit reichlich *Margaret Mahaney's* Turkey Feed. In der Zwischenzeit legen Sie die Eier unter zwei gute Hühner. Ich finde, dass Plymouth Rocks gute Mütter sind. Ich lege elf oder zwölf Eier unter eine gute Plymouth-Rock-Henne und mache ein gutes rundes Nest in einer halben Scheffelbox, wobei ich die Ecken gut ausstopfe, damit das Nest seine Form behält, denn ein gutes Nest ist schon die Hälfte des Schlüpfens. Mittlerweile hat die Putenhenne nach dem Auslauf das Sitzen völlig vergessen, hat wieder mit dem Legen begonnen und ich habe sie wieder in den Paarungsstall gesetzt. Dieser Vorgang kann während der Saison dreimal wiederholt werden, da eine Putenhenne drei Würfe hintereinander legt. Ich lasse meine Putenhennen auf meinen Juni-Eiern sitzen und diese schlüpfen etwa am 10. oder 11. Juli. Diese sind gute, robuste Vögel für das kommende kalte Wetter. Desinfizieren Sie die Henne gemäß den Anweisungen mit *Margaret Mahaneys* Salbe, bevor Sie sie auf die Eier legen.

RI REDS UND PLYMOUTH ROCKS SIND AUSGEZEICHNETE MÜTTER.

SCHRAFFUR

Um auf das Schlüpfen der Truthähne zurückzukommen; Die Eier, die sich direkt unter der Brust der Henne befinden, schlüpfen zuerst. Manchmal warte ich nicht darauf, dass sie alle aus der Schale kommen, sondern nehme sie weg, sagen wir vier oder fünf auf einmal, und gebe so den äußeren Eiern die Chance zum Schlüpfen. Die Eier, die ich mitnehme, lege ich in einen Brutschrank, der zuvor auf die richtige Temperatur eingestellt wurde. Wenn sie alle geschlüpft sind, habe ich meinen Stall gut weiß getüncht und auf dem Boden etwa 15 cm gutes, sauberes Stroh. Ich stelle meine Biene in den Stall und setze die kleinen Truthähne um sie herum auf. Seien Sie beim Trinken oder Wasser sehr vorsichtig, damit die kleinen Truthähne nicht nass werden, denn auf diese Weise erkälten sie sich oft.

ERSTE FUTTERUNG

Das erste Futter, das ich ihnen gebe, ist fein gehackte Brennnessel mit einem hartgekochten Ei und etwas rotem Pfeffer. Sie werden feststellen, dass sie das grüne Zeug mit Heißhunger fressen, und das wirkt auf den Darm wie ein normales Heilmittel.

Wenn sie drei Tage alt sind, fange ich an, ihnen das vorbereitete Grundfutter zu geben – *Margaret Mahaneys* Truthahnfutter – mit etwas in Milch getränktem, trockengedrücktem und mit Ei und Brennnessel vermischtem Weizenbrot. Da die Park & Pollard Company dieses Bodenfutter führt, ist es dort leicht zu bekommen. Ich habe das immer vor ihnen. Morgens gebe ich ihnen nichts als das Truthahnfutter *von Margaret Mahaney mit einer guten Portion Salat.* Abends gebe ich ihnen noch einmal die Brennnessel mit in Milch getränktem und trockengedrücktem Brot und nach Bedarf etwas gehackter Zwiebel. Sie werden feststellen, dass die Vögel, denen Sie die Brennnessel verfüttern, die roten Brennnessel drei Wochen früher auswerfen als die Vögel, die sie nicht gefüttert haben.

Vermeiden Sie Ungeziefer

Wenn die kleinen Küken zum ersten Mal herauskommen, bevor Sie sie in den Stall setzen, müssen Sie daran denken, den Kopf und unter den Flügeln mit meiner Salbe zu desinfizieren. Geben Sie auch der Pflegemutter die gleiche Behandlung mit der Salbe, denn wenn Ungeziefer auf der Henne ist , verlassen sie die Henne und gehen zu den kleinen Truthähnen, und wenn sie nicht versorgt werden, werden die kleinen Vögel krank und sterben. Bei einem Befall mit Läusen werden die Körper sehr rot und gereizt. Sie finden die Läuse vor allem unter den Flügeln oder am Rand der Flügel. Wenn die Federn eines kleinen Truthahns nicht gleichmäßig wachsen (manche werden lang, andere kurz), wissen Sie, dass der Truthahn Läuse hat, und Sie sollten sich sofort „beschäftigen". Eine oder zwei Dosen meiner Salbe werden eine deutliche Verbesserung bewirken. Ich desinfiziere die Henne immer, wenn ich sie auf die Eier setze, aber desinfiziere sie nie nach dem fünfzehnten Tag, denn zu diesem Zeitpunkt ist das Küken noch lebendig, und man kann es sehr leicht töten, da es durch die Luftzellen des Kükens atmet Ei.

DIE STELLUNGNAHME DER TÜRKEI-HENNE

Im wilden Zustand sucht die Henne den abgelegensten und unzugänglichsten Ort auf, an dem sie vor Vögeln und Raubtieren geschützt ist. Sicherheit vor Angriffen ist das Wichtigste, worauf sie instinktiv achten muss. Ein verworrenes Dornengestrüpp, ein schützender Felsvorsprung, ein hohler Baumstumpf, ein Gestrüpp voller verwesender Blätter passen zu ihrer Fantasie. Mit wenig Vorbereitung legt sie an diesen abgelegenen Orten ihre Eier auf den nackten Boden. Haustruthähne haben in der Regel große Freiheit bei der Nestwahl. Ich stelle sie im Allgemeinen genauso ein wie das gewöhnliche Huhn. Ein halber Scheffelkorb ist ein bequemes Nest für eine Putenhenne und bietet ausreichend Platz für fünfzehn oder achtzehn Eier.

Zuchtställe

Während sie sich auf den Nestern aufhalten, benötigen Truthähne viel Aufmerksamkeit. Sie sollten sich in einem Hof oder Gebäude befinden oder zumindest nicht weit voneinander entfernt sein, damit die häufigen Besuche möglichst schnell erledigt werden können. Geben Sie den Eiern Platz und achten Sie darauf, dass das Nest tief genug ist, damit sie nicht aus dem Nest rollen. Eine Truthahnhenne legt pro Wurf fünfzehn bis dreißig Eier, kann aber nicht immer die ganze Menge bedecken. Sehr große alte Vögel bedecken zwanzig Eier; Kleinere Vögel decken zwischen fünfzehn und achtzehn Vögel ab, was ungefähr der ausreichenden Zahl entspricht, um von einem Vogel versorgt zu werden.

Wenn Sie ein Dutzend Putenhennen in Ihrer Herde haben – was ungefähr der richtigen Zahl für eine gute Reichweite entspricht – wird es nicht schwierig sein, mehrere Vögel auf einmal zu züchten, und dies kann dadurch erreicht werden, dass Sie die Nester mit künstlichen Eiern innerhalb eines Abstands von einem Jahr platzieren ein paar Meter voneinander entfernt. Sie können einen Teil der Hühner ein paar Tage lang auf ihren Nestern lassen, bis drei oder vier zum Sitzen bereit sind. Wählen Sie dann möglichst gleichaltrige Eier aus und legen Sie sie den ausdauernd sitzenden Hühnern unter. Wenn die nahe beieinander liegenden Hennen nicht gleichzeitig untergebracht werden, besteht beim Schlüpfen der ersten Hennen die Gefahr, dass ihre Nachbarin das Piepen des ersten Kükens hört und möglicherweise ihr Nest verlässt. Wenn alle drei oder vier Nester gleichzeitig schlüpfen, gibt es keine Probleme dieser Art.

Bevor die Eier ins Nest gelegt werden , ist es ratsam, die Henne mit Truthahnsalbe unter ihren Flügeln zu desinfizieren. Es verhindert Ungeziefer jeglicher Art.

Wenn eines der Eier vor oder nach dem Abbinden mit dem Eigelb eines zerbrochenen Eies verunreinigt wird, sollten die Schalen sorgfältig mit warmem Wasser gereinigt werden, um das Schlüpfen zu gewährleisten. Manchmal liegen zwei oder drei Truthähne im selben Nest. Dies wird zu Beginn der Saison keinen Schaden anrichten, aber sie sollten vor dem Abbinden getrennt werden, so dass nur ein Vogel ein Nest haben kann. Dies kann dadurch erreicht werden, dass Nester in der Nähe gebaut werden und in jedes neue Nest Porzellaneier gelegt werden. Es besteht keine Gefahr, dass Truthähne sich auf ein besetztes Nest drängen, wenn in der Nähe ein freies Nest ist. Die Gruppe von Hühnern, die zusammensitzen und gleichzeitig ihre Jungen zur Welt bringen, wird auf natürliche Weise gemeinsam fressen und herumlaufen, was Zeit bei der Betreuung spart.

Der Truthahn ist ein enger Hüter und verlässt sein Nest mehrere Tage lang nicht. Getreide und Wasser sollten ständig in der Nähe des Nestes aufbewahrt werden. Wenn die Truthähne zu schlüpfen beginnen , nehme ich die kleinen Küken heraus, genau wie bei einer gewöhnlichen Henne, und gebe den noch nicht geschlüpften Küken Gelegenheit dazu.

Wenn alle bereit sind, in den Hühnerstall zu gehen, hebe ich die Henne ganz vorsichtig hoch und trage sie zum Hühnerstall. Normalerweise setze ich die kleinen Truthähne zuerst in den Hühnerstall, da die Truthahnhenne ein sehr nervöser Vogel ist, der herumkratzt und manchmal weiterläuft die kleinen Vögel.

Truthähne sollten gezähmt werden

Deshalb möchte ich, dass sie gesund und munter sind, bevor sie mit der Mutter in den Stall gehen. Die kleinen Kerlchen scheinen zu verstehen, dass die Mutter nicht auf sie treten sollte, da sie sonst außerhalb ihrer Reichweite an die Seite des Stalls drängen. Sie wird sich schnell an sie und das Füttern gewöhnen und sich darauf einstellen, sich gut um ihre Babys zu kümmern, da die Truthahnhenne eine sehr hingebungsvolle Mutter ist. Sie wird auf diejenigen aufpassen, die sie füttern und auf ihre kleinen Babys aufpassen. Sie rennen mir entgegen, wenn sie mich kommen sehen, das heißt natürlich, wenn sie draußen auf dem Feld sind. Ich habe sie von selbst nach Hause kommen lassen, wenn ich sie auf einen Spaziergang hinausgelassen habe, und wenn ich zum Füttern gegangen bin, war die Mutter mit all ihren kleinen Babys im Stall.

Ich behandle die Truthahnküken, die von ihrer Mutter aufgezogen werden, genauso wie wenn sie von einer gewöhnlichen Henne aufgezogen werden, nur dass die gewöhnliche Henne sie verlässt, lange bevor die Truthahnhenne daran denkt, ihre Jungen im Stich zu lassen. Ich ging in den Truthahnstall, als sie fünf oder sechs Monate alt waren, und fand ein junges Truthahnhühnchen, das sich in der Nähe seiner Mutter schmiegte. So etwas findet man bei keinem anderen mir bekannten Hausvogel.

Das Werfen der roten und jungen Truthähne

Da es offenbar Meinungsverschiedenheiten über das „Werfen des Roten" gibt, möchte ich Ihnen zunächst erklären, was das Werfen des Roten bedeutet.

Es muss mehr oder weniger Blut in das Gehirn und den Kopf des Truthahns fließen, wenn es so deutlich durch die Haut sichtbar ist. Wenn ein Truthahn fünf oder sogar vier Wochen alt ist, ist es an der Zeit, dass er mit dem „Rotauswerfen" beginnt, denn wenn Blut aus der Leber und dem Herzen kommt, muss es natürlich eine gewisse Wirkung auf die kleinen Junghennen haben. Ich habe innerhalb von fünf Wochen junge Truthähne erlebt, die das Rot ausgeworfen haben, und es zeigte sich sehr deutlich, nachdem sie zweimal am Tag mit Brennnessel gefüttert wurden. Andererseits ließ ich sie, bevor ich wusste, was ich ihnen füttern sollte, bis zu sieben oder acht Wochen dort bleiben, und am Ende dieser Zeit starben sie normalerweise. Was passiert war, war, dass das Blut in die Leber zurückgekehrt war, stagnierte und Durchfall verursachte, was natürlich zum Tod des jungen Truthahns führte. Wenn ein junger Truthahn in gutem Zustand ist, sollte er innerhalb von zehn Tagen vom Anfang bis zum Ende rot schießen. Natürlich wird es nicht so deutlich hervortreten wie bei einem größeren Vogel. Je größer der Vogel wird, desto deutlicher wird das Rot.

Wenn der kleine Truthahn etwa vier Wochen alt ist, beginnen die Federn etwas vom Kopf zu fallen. Dann werden Sie wissen, dass die kritische Zeit gekommen ist. Der kleine Vogel fängt an, das Rote zu schießen. Es trübt manchmal tagelang herum. Mit ihm wird nichts falsch sein, außer dass es ihm einfach nicht gut geht. Geben Sie dreimal pro Woche reichlich Brennnessel und etwas Eisentinktur (4 Tropfen Eisentinktur auf eine Gallone Trinkwasser) und Sie werden in ein paar Tagen eine Besserung feststellen.

Die jungen Kater sind viel kräftiger als die Junghennen. Einige von ihnen werden das Rot austreiben und dort prächtig wachsen, ohne Anzeichen von Herabhängen, aber bei den kleinen Junghennen gibt es immer eine deutliche Veränderung.

Nachdem die Rotkehlchen gewachsen sind, besteht das Erfolgsgeheimnis bei Truthähnen darin, sie weiter wachsen zu lassen. Sie können ihnen die gesamte Magermilch und die gesamte Sauermilch geben, die sie trinken möchten. Füttere sie dreimal täglich mit so viel Salat, wie sie essen können, mit Brennnessel im Futter, sofern du welche vorrätig hast. Bei der Putenaufzucht ist es wichtig, die Leber sauber zu halten. Wenn Sie zwei- bis dreimal täglich Salat füttern, ist der Kot hellgrün und in gutem Zustand.

Für meine Vögel habe ich große Ausläufe, 6 Fuß in jede Richtung, was einen guten quadratischen Auslauf ergibt. Ich verschiebe die Ausläufe jeden Tag auf sauberen Boden; Das Stroh wird herausgenommen und gelüftet. Bei feuchtem Wetter mindestens jeden zweiten Tag sauberes Stroh hineinlegen. Meine Ställe sind hoch und oben gut belüftet, wodurch die heiße und unreine Luft abgeführt wird und die kleinen Truthähne kräftig und gesund bleiben. Ich erlaube etwa zehn Ausläufe auf einmal, bestehend aus je zehn Vögeln, und lasse sie eine lange Wanderung machen. Sie bleiben jedoch nicht sehr lange von ihren Häusern fern, werden aber bald müde und kehren zurück, wobei sie normalerweise etwa zwei Stunden draußen bleiben. Dann habe ich sie in ihre Ställe gebracht und etwa zehn weitere Läufe gelassen. Wenn ich sie zurück in die Ställe setze, füttere ich sie mit Salat und sauberem Trinkwasser. (Ich setze diesen Vorgang fort, bis ich die gesamte Herde rausgelassen habe.) Ich lasse so viele Läufe auf einmal raus, damit beim Einsetzen keine Verwirrung entsteht. Ich mache das täglich, jeden schönen Tag, bis der Truthahn vier oder vier Jahre alt ist fünf Monate alt. Dann lasse ich sie alle zusammen raus. Ich bringe sie jede Nacht in größere Häuser, halte sie gut und warm, mit guten Schlafplätzen und sauberem Stroh, und ich habe kaum Probleme mit Krankheiten.

Bei schönem Wetter und ohne Anzeichen von Regen sollte jeder Truthahn jeden Tag eine Weile draußen sein. Wenn es niedriger oder dunkel ist, lassen Sie sie nicht raus, bis das Wetter wieder angenehm ist. Durch diese Art des Freilassens wachsen sie schnell und sind sehr zahm, so dass sie viel einfacher zu handhaben sind.

Warum geben Sie einem Truthahn nicht die gleiche Fürsorge wie einer Henne? Die Leute erzählen mir , wie ihre Truthähne vernachlässigt werden. Sie scheinen zu denken, dass sie sich nicht um die Truthähne kümmern müssen, und nachdem sie geschlüpft sind , treiben sie sie aus und lassen sie umherwandern und selbst nach Futter suchen. Die Zeit dieser Art der Behandlung von Puten ist vorbei. Denken Sie daran, dass wir Truthähne jetzt nach bewährten Methoden und Vollfütterung züchten, wie sie auch in der modernen Geflügelzucht üblich sind. Die Leute werden zu mir kommen und mir sagen, dass ihre Truthühner nachts, wenn es unter Null ist, draußen in den Bäumen schlafen. Wie ich bereits erwähnt habe, beginnen diese Puten im Januar mit der Eierproduktion. Welche Vitalität haben Eier, die unter solchen Bedingungen gezüchtet wurden? Gar nichts.

An heißen Tagen müssen Sie die Läufe mit Sackleinen oder Schattenspendern anderer Art abdecken. Ich verwende die Leinensäcke, in denen ich getrocknete Brotabfälle erhalte, die ich kaufe.

Achten Sie beim Füttern von Brot darauf, dass Sie niemals schimmeliges Brot füttern, da sonst bei den jungen Truthähnen innerhalb kürzester Zeit Durchfall auftreten kann.

Wenn der Herbst naht, müssen Sie sehr vorsichtig mit den Junghennen sein. Wie ich bereits sagte, sind sie viel anfälliger für Mitesser als die Kater. Wenn ich sie unterhalte , das heißt in großen Ställen, sagen wir 40 oder 50 zu einem Stall, habe ich immer mein vorbereitetes Truthahnfutter (*Margaret Mahaney's Turkey Feed*) vor den Junghennen. Je weniger Mais Sie einer Putenhenne geben, desto weniger Probleme haben Sie mit Mitessern, denn Mais erhitzt sich. Um die Junghennen in gutem Zustand zu halten, finden Sie alle Zutaten in diesem Fertigfutter, das jetzt von The Park & Pollard Company, 46 Canal Street, Boston, unter dem Namen *Margaret Mahaney's* Turkey Feed hergestellt und verkauft wird .

Geben Sie den Toms mehr oder weniger ganzen Mais, wenn Sie sie für den Versand oder zum Anrichten rund um Thanksgiving in einen guten Zustand bringen möchten. Sie werden nicht so schnell dick wie die Putenhenne, weshalb ich jeglichen Mais und Maismehl von den Putenhennen fernhalte.

Geben Sie über Nacht in jede Pfanne einen halben Teelöffel Salicylat-Natron in das Trinkwasser. Geben Sie ihnen morgens frisches Wasser und geben Sie zweimal pro Woche etwas Eisentinktur hinein (4 Tropfen auf jede Gallone Wasser). Tun Sie dies bis etwa Januar, und wenn Ihre Puten dann warm und komfortabel gehalten werden, sind sie über die Gefahren der Mitesser-Saison hinweg.

Behandeln Sie die jungen Kater genauso.

UNTERSUCHUNG VON KRANKHEITEN

"Was *ist* die Krankheit?" ist die erste und wichtigste Frage, die man stellen muss. Die Zahl der Menschen, die schicksalhafterweise von Anfang an davon ausgehen, dass die Antwort auf diese Frage außerhalb ihrer Reichweite liegt, ist unentschuldbar groß. Wenn der nicht-professionelle Leser auch nur ein begrenztes Maß an Studium und gesundem Menschenverstand anwenden würde, könnten viele der kleineren Übel vermieden und viele andere erfolgreich behandelt werden. Hier wird eine kleine spezielle Anleitung gegeben, die es einem ermöglicht, eine Krankheit zu erkennen, bevor es zu spät ist, und so weitgehend die entmutigenden Folgen zu vermeiden, die manchmal über den uninformierten Besitzer von Truthähnen kommen.

Die geringe Zahl verwechslungsgefährdeter Krankheiten macht es vergleichsweise einfach, die richtige Schlussfolgerung zu ziehen, indem man diejenigen aus der möglichen Liste streicht, die nicht die besonderen Symptome der anderen Krankheiten aufweisen.

Ein allgemeines Wissen über den Organismus, die Gewohnheiten und das Aussehen gesunder Truthähne ist natürlich sehr wünschenswert. Eine einigermaßen genaue Beobachtung ist in etwa alles, was wir in dieser Angelegenheit vom gewöhnlichen Besitzer einer großen Truthahnherde erwarten können. Der erfahrene Züchter ergänzt dies durch häufige Handhabung und detailliertere Studien, um die normale Härte und Geschmeidigkeit des Fleisches sowie die Wärme, Feuchtigkeit und Farbe der Haut, insbesondere der Öffnung, sowie den Umriss und die Struktur des Skeletts kennenzulernen. Es ist auch äußerst wünschenswert, den richtigen Zustand aller Organe zu kennen, dies gilt jedoch insbesondere in Bezug auf die Leber und andere Verdauungsorgane.

Einer der häufigsten Fehler bei der Entdeckung einer Krankheit besteht darin, eine Entscheidung nach zu wenig Studien zu treffen. Wenn man ein oder zwei Symptome findet, von denen bekannt ist, dass sie mit einer vermuteten Krankheit einhergehen, neigt man dazu, voreilig zu dem Schluss zu kommen, dass man die tatsächliche Schwierigkeit erkannt hat, während eine weitere Untersuchung andere Symptome aufdecken würde, die in Verbindung mit diesen zu dem Problem führen würden wahre Schlussfolgerung. Daher sollte jede Untersuchung gründlich sein, bis ein gewisses Maß an Sicherheit erreicht ist. Es ist auch wichtig, dass der Züchter nicht erwartet, dass die Krankheit immer nur die in irgendeinem Buch genannten Symptome hervorruft, denn diese können bei verschiedenen Truthähnen und sogar bei demselben Truthahn zu unterschiedlichen Zeiten mehr oder weniger unterschiedlich sein – eine Warnung, die zu beachten ist erfordert lediglich die Ausübung von Urteilsvermögen und gesundem Menschenverstand.

Wenn Zweifel an der Ansteckungsgefahr einer Krankheit bestehen, sollte der betroffene Truthahn aus der Herde entfernt werden, bis die mögliche Gefahr vorüber ist. Wenn ein Vogel aus unbekannter Ursache stirbt, sollte er geöffnet und der Zustand der inneren Organe notiert werden, zusammen mit einer Untersuchung ihres Zustands, die auf den folgenden Seiten der Behandlung behandelt wird.

Generell ist zu beobachten, dass das Vorhandensein von Läusen und Milben häufig die Ursache für Schwäche und Konditionsverlust ist, insbesondere wenn die Puten zusammen mit den Hennen schlafen dürfen.

MITESSER

Sehr viele Leute schreiben mir, dass sie ihre Junghennen und jungen Truthähne verlieren, nachdem ihnen die ersten Federn gewachsen sind. Ich verliere zu dieser Zeit nie einen Truthahn. Ich züchte meine Truthähne in Ausläufen wie Hühner, und es ist ein schöner Anblick, dreihundert gesunde, kräftige Truthähne nebeneinander in Ausläufen zu sehen. Ich habe nie Probleme mit meinen jungen Truthähnen. Wie ich bereits in einem anderen Teil meiner Arbeit sagte, treten bei meiner Herde erst Mitesser auf, wenn der Truthahn sechs und sieben Monate alt ist. Wenn ich irgendwelche Anzeichen von Mitessern sehe, setze ich alle meine Truthähne auf neues Gelände, desinfiziere alle meine Ställe mit Presto-Desinfektionsmittel und beginne mit der Heilung meiner Mitesser, wie auf Seite 79 beschrieben. Ich warte auf einen nassen Tag und streue Kalk auf den Boden, von dem aus ich die Ställe aufgestellt habe, da Truthähne sehr gerne zu ihrem alten Wohnort zurückkehren. Auf diese Weise halte ich Mitesser im Zaum. Es ist eine sehr einfache Krankheit, wenn man sie rechtzeitig einnimmt und leicht heilt.

Als ich anfing, Truthähne zu züchten, starben meine kleinen Junghennen, nachdem sie befiedert und etwa sieben oder acht Wochen alt waren. Einige von ihnen würden das Rot erst schießen, wenn sie zweieinhalb Pfund wogen. Ihre Köpfe wären dunkel und ihre Schritte langsam und schleppend. Wie ich bereits sagte, ruhte das Blut in der Leber und so kam es zu Mitessern. Wenn ein Truthahn im Alter von sieben oder acht Wochen nicht rot wirft, stellt man bei genauer Untersuchung fest, dass der Bauch dunkel ist und einen bläulichen Schimmer aufweist. Das Fleisch ist nicht in gutem Zustand, wohingegen bei einem jungen, gesunden Truthahn, der in diesem Alter rot geworden ist, das Fleisch rein und weiß ist.

MEIN ERSTER ERFOLGREICHER KAMPF GEGEN MITESSER

Als ich anfing, Truthähne zu züchten, und einer von ihnen an Mitessern erkrankte, dachte ich, dass es kein Heilmittel dafür gäbe. Ich habe alles getan, was ich konnte, und wenn sie sterben sollte, war ich der Meinung, dass sie es tun musste und dass es absolut nichts gab, was man tun konnte, um dies zu verhindern.

Ein Jahr lang habe ich zwei hübsche Junghennen aus Kentucky mitgebracht. Es waren schöne, kräftige, hübsche Vögel, gut gezeichnet, mit prächtigen Beschlägen und einer wunderschönen Bronzefarbe. Sie sind mir sehr ans Herz gewachsen. Als der Frühling des Jahres kam, etwa am letzten März, zur Legezeit, erkrankte einer dieser beiden Vögel an Mitessern, und ich beschloss, um sein Leben zu kämpfen.

Sie war ein äußerst kranker Vogel. Ich nahm sie mit ins Haus und legte sie in einen weggeworfenen ovalen Wäschekorb im hinteren Flur. Ich legte weiches Sackleinen unter sie und wickelte sie warm ein. Ich kannte mich gut mit homöopathischen Mitteln aus und begann, Darm- und Leberbeschwerden zu heilen. Das Fieber hielt ich mit Aconitum niedrig, indem ich stündlich einen Tropfen in etwas Wasser gab. Ich blieb die ganze Nacht an der Seite dieses Truthahns. Es gab Zeiten, in denen sie vor Schmerzen schrie, und dann legte ich ihre Füße in so heißes Wasser, wie sie es ertragen konnte, mit viel Senf darin und ließ das Wasser bis zum ersten Gelenk ihrer Beine steigen. Ich ließ sie jeweils etwa zehn Minuten darin stehen, dann trocknete ich ihre Füße und Beine ab und legte sie zurück in den Korb. Sie wäre nach dieser Behandlung sehr geschwächt, schien aber leichter zu sein. Zu anderen Zeiten wurde sie schwach und leblos, und dann nahm ich sie in meine Arme, ging nach draußen und ließ sie die kühle Luft genießen. Der Kampf dauerte auf diese Weise bis vier Uhr morgens, als sie die Augen öffnete, den Kopf hob, zu mir aufsah und ein wenig zwitscherte. Ich entschied sofort, dass es so etwas wie die Heilung von Mitessern gibt.

Ich wusste damals noch nicht so viel über den Darmverschluss. Ich wusste jedoch, dass nichts durch ihren Darm gelangt war. Ich gab ihr etwas warmen Whisky und Milch sowie noch ein paar meiner Heilmittel und machte dann selbst ein paar Stunden Ruhe. Als ich etwa zwei Stunden später wieder zu ihr ging, begann die Rötung wieder in ihren Kopf zu fließen, das Fieber war verschwunden und ihr Puls war normal. Der Puls eines Truthahns beginnt knapp über dem Kropf zu schlagen und steigt im Todesfall allmählich an, bis er, kurz bevor der Atem den Vogel verlässt, einen Punkt unterhalb der Kehle erreicht hat. Bei diesem Vogel habe ich den Puls bis zur Mitte des Halses gemessen; Ich ließ es nie weiter kommen. Es gab Zeiten, in denen ich ihr ein in Eiswasser getauchtes Tuch auf den Kopf legen musste, aber ich kämpfte um das Leben meines kleinen Haustiers und sie schien zu erkennen, was ich tat. Sie war den ganzen Morgen über sehr schwach. Ich nahm sie hoch, setzte sie auf den Rasen in die Sonne, und gegen zwölf Uhr an diesem Tag kam sie torkelnd auf die Beine, und dann kam ein fester Kern aus ihren Eingeweiden. Dieser hatte sich im Blinddarm festgesetzt. Zu diesem Zeitpunkt wusste ich sehr wenig über dieses Krankheitsmerkmal. Am Kern war ein Teil der Darmschleimhaut befestigt. Die Putenhenne war tagelang sehr schwach. Ein Vorteil für sie war, dass sie eine leere Ernte hatte, und ich gab ihr sofort einen Esslöffel kaltes Wasser, in dem vier Körner Alaun aufgelöst waren. Dies wurde gegeben, um eine Haut zu bilden und die wunde und raue Stelle im Darm zu verhärten, nachdem der Vogel den Kern passiert hatte. Die Putenhenne erholte sich drei bis vier Tage lang nicht vollständig.

FREUNDE (MISS MAHANEY UND „GRANDMA CLEAVES")

Dieses Truthahnhuhn gehört zu den besten, die ich bei mir zu Hause habe. Ich nenne sie Grandma Cleaves. Die Landwirtschaftsschulen behaupten, dass ein Vogel, der einmal mit Mitessern befallen war, nicht für die Zucht geeignet sei. Ich habe einen jungen Kater in meinem Besitz, der am fünfzehnten Juli 1912 von diesem Vogel geschlüpft wurde. Er wiegt 31 Pfund. und ist in jeder Hinsicht gut ausgebaut. Letzten Sommer legte sie drei Würfe Eier, setzte sich auf den letzten Wurf, brachte zwölf Truthähne zum Brüten und zog in dieser Herde elf auf. Meiner Meinung nach ist ein Vogel, der eine Mitesserkrankheit durchgemacht hat, einer der besten und stärksten Vögel, von denen man züchten kann. Ich hatte in der zweiten Staffel noch nie einen Vogel, der Mitesser hatte. Es ist wie jedes andere gewöhnliche Fieber ansteckend und kann eine Person nur einmal befallen.

Nachdem ich diesen Kampf gewonnen hatte, kam ich zu dem Entschluss, dass man etwas gegen Mitesser tun könnte, und von da an hatte ich große Erfolge im Kampf gegen diese Krankheit.

Meine Brutstätten sind nicht so weit entfernt, dass die Menschen in Massachusetts nicht zu mir kommen könnten. Ich würde ihnen sehr gerne meine Ausläufe und Truthähne sowie meine Zuchtmethoden zeigen.

UM MITESSER ZU ERKENNEN

Mitesser sind die von Truthahnzüchtern in Neuengland und im ganzen Land am meisten gefürchtete Krankheit.

Wenn Sie morgens den Truthahnstall betreten, gehen Sie direkt zur Kottafel und sehen Sie nach, ob Sie gelben Kot finden. Wenn Sie dies tun, schauen Sie sich Ihre Herde genau an. Es wird nicht lange dauern, bis Sie den Vogel mit Mitessern entdecken. Der Kopf hat eine ungesunde düstere graue Farbe, und der Vogel wird Trübsal zeigen , weil er offenbar fressen will, es aber nicht tut. Dann können Sie entscheiden, dass Sie Mitesser in Ihrer Herde haben.

BEHANDLUNG VON AUSGEWACHSENEN Truthähnen

Nehmen Sie den Vogel sofort weg; desinfizieren Sie ihren Kopf und die Unterseite der Flügel mit Salbe; Massieren Sie die Ernte sanft, um zu sehen, ob sie voller unverdauter Nahrung ist. Wenn ja, geben Sie einen knappen halben Teelöffel Bittersalz in etwas Wasser. Geben Sie nach etwa einer Stunde einen Esslöffel Olivenöl und anschließend einen viertel Teelöffel Salicylat-Soda in zwei Esslöffel warmes Wasser. Nachdem die Ernte entleert ist, legen Sie sie in eine Kiste, beispielsweise eine große Kiste mit viel Stroh, und decken Sie sie mit Sackleinen ab. Geben Sie einen Teelöffel warmen Whisky und einen Esslöffel Milch zusammen. Dadurch bleibt die Vitalität des Vogels erhalten. Eine Milchtestflasche mit langem Hals ist in einem Geflügelbestand aller Art sehr praktisch, da Sie den Hals unterhalb der Luftröhre platzieren und die Flüssigkeiten in den Kropf injizieren können, ohne dass das Geflügel erstickt. Beobachten Sie dann, ob der Kot gelb ist. Wenn dies der Fall ist, verabreichen Sie jede Stunde eine der *Mahaney*-Mitesser-Tabletten, bis sich der Kot normalisiert. Sie können die Pille auf die Zunge des Truthahns legen und ihn schlucken lassen. Wenn in der Ernte nichts außer einem Hauch von saurem Wind zu sehen ist, geben Sie die Pillen und heiße Milch und Whisky auf einmal.

Halten Sie den Vogel unbedingt einige Tage lang warm und desinfizieren Sie ihn dann, bevor er mit dem Rest der Herde hinausgeht. Schauen Sie jeden Morgen auf der Kottafel nach, ob sich dort gelber Kot befindet. Verwenden Sie reichlich Limette. Geben Sie zweimal pro Woche morgens Eisensulfat in Pulverform (einen gestrichenen Teelöffel in einer Gallone Wasser in einer irdenen Schale). An den anderen Tagen geben Sie nachts Salicylatnatron in der gleichen Menge ins Trinkwasser. Dadurch bleibt Ihre Herde in gutem Zustand.

Mitesser bei jungen Puten

Das erste Symptom von Mitessern bei jungen Truthähnen ist das Auftreten einer Erkältung im Kopf. Der Truthahn schnüffelt und manchmal kommt Wasser aus der Nase. Der Appetitverlust ist offensichtlich. Die Flügel hängen herunter und wenn man die Truthähne aus dem Stall lässt, schleppt sich der betroffene Truthahn hinter dem Rest der Herde her. Ich nehme diesen Vogel von den anderen weg. Ich desinfiziere den Kopf und die Unterseite der Flügel mit meiner Salbe. Reiben Sie die Salbe leicht auf den Kopf. Halten Sie den Truthahn sanft über den Rücken und drücken Sie die Flügel zur Seite nach unten. Wenn Sie nicht sehr sanft und sehr vorsichtig mit ihnen umgehen, besteht die Gefahr, dass die Flügel brechen.

Sobald Sie bemerken, dass einer leblos wird, schleppende Schritte macht und den Appetit verliert, desinfizieren Sie die gesamte Herde zweimal pro Woche mit der Salbe. Lösen Sie in einer irdenen Schüssel vier oder fünf der *Margaret Mahaney* Turkey Pills in etwas warmem Wasser auf; Mischen Sie dann die Lösung mit einem Liter Trinkwasser und geben Sie sie den jungen Truthähnen zum Trinken. Wenn Sie dies jeden Tag wiederholen, das Stroh gut lüften und sauber halten und der Stall trocken und wasserdicht ist, wird sich innerhalb von drei Tagen eine deutliche Verbesserung zeigen. Ich verliere nie einen jungen Truthahn. Sie gedeihen genauso gut wie kleine Hühner und ich denke, sie sind genauso robust.

Da Schädlinge zu den Feinden junger Truthähne gehören, verwenden Sie die Salbe immer zweimal pro Woche, und zwar morgens. Halten Sie sie nicht zum Schweigen, nachdem Sie meine Salbe aufgetragen haben, denn sie ist sehr stark. Lassen Sie es verdunsten, bevor die kleinen Hühner nachts ins Bett gehen, dann haben Sie kein Ungeziefer mehr. Es gibt ein altes Sprichwort über eine Laus im Kopf eines Truthahns, die in das Gehirn eindringt und Mitesser verursacht. Ich weiß ganz genau, dass dadurch keine Mitesser verursacht werden, da diese Krankheit von einer Erkältung herrührt, die sich in den Darm und in die Leber ausbreitet und den Truthahn nach ein paar Tagen Leiden tötet, wenn er nicht gelindert wird.

BEGINNT MIT EINER Erkältung

Behandlung einer Erkältung.

Mitesser entstehen durch eine Erkältung. Wenn Sie einen Vogel in Ihrer Herde haben, der an einer Erkältung leidet, geben Sie einen kleinen Teelöffel Bittersalz auf eine Gallone Wasser. Tun Sie dies drei bis vier Tage hintereinander und verteilen Sie reichlich Kalk um Ihre Putenställe. Ich lege jeden Tag Kalk auf die Kotbretter; Es tötet die Krankheit in kürzester Zeit ab und schadet dem Truthahn nicht. Natürlich lege ich bei feuchtem Wetter jeden zweiten Tag sauberes Stroh in meinen Truthahnstall, da das Stroh feucht wird und sehr anfällig für Krankheiten ist.

Führen Sie diese Behandlung mit Bittersalz bei heißem Wetter durch, unabhängig davon, ob die Vögel Krankheitssymptome zeigen oder nicht. Es hält ihr Blut kühl und verhindert die Neigung zu Krankheiten.

Die Zeit der Mitessersaison liegt an den sogenannten „Hundstagen", also im Hochsommer. Das Wetter ist schwer und dunkel und für junge Truthähne sehr schädlich. Das ist die Zeit, in der Sie Ihre Ställe gut und trocken halten und reichlich Grünfutter geben müssen, etwa zweimal pro Woche Eisenhut ins Trinkwasser, um etwaiges Fieber niedrig zu halten. Drei Tropfen auf einen halben Liter Wasser sind alles, was ich ihnen gebe, da Aconitum sehr giftig ist. Wenn Sie gerade Brennnessel haben, füttern Sie diese unbedingt, denn Brennnessel *ist einer der größten Erfolgshelfer bei der Aufzucht junger Truthähne*
.

Wenn der Truthahn an Mitessern stirbt, wird der Kropf offensichtlich schwarz und entzündet und ist sehr faulig. Die Leber ist vergrößert und weist überall weiße oder gelbliche Flecken auf. An manchen Stellen sieht es so aus, als wäre es zerfressen. Unter der Leber, neben dem Rücken des Vogels und rund um das Herz finden Sie eine bräunliche Substanz, genau wie bei einem

Menschen, der an einer Bauchfellentzündung stirbt. Sie finden auch im sogenannten zweiten Magen, also dem Darm, der zum Muskelmagen führt, einen großen Kern. Manchmal hat es eine sehr dunkle bräunlich-gelbe oder ockerfarbene Farbe, vermischt mit Blut. Dieser Kern stellt eine Verstopfung dar, und wenn er nicht entfernt wird, bedeutet dies für den Truthahn den sicheren Tod.

Ich habe erlebt, dass Truthähne an einer sogenannten „Blinddarmentzündung" starben, da der Blinddarm verfilzt und stark geschwollen war. Tatsächlich schwillt bei einem schlimmen Fall von Mitessern der gesamte Darm des Truthahns an. Der Muskelmagen ist doppelt so groß wie seine natürliche Größe, der Bauch schwillt an und wird schwarz und der Geruch ist sehr widerlich. In einem solchen schlimmen Fall kann man nichts dagegen tun, da die Krankheit schon zu weit fortgeschritten ist und man deshalb die Truthähne sehr genau beobachten sollte. Wenn der Truthahn rechtzeitig eingenommen wird, *Margaret Mahaneys* Pillen verabreicht werden und der Truthahn warm gehalten wird (denn er nimmt die Krankheit zuerst mit einem Schüttelfrost auf, genauso wie ein Mensch Malaria nehmen würde), ist kein Verlust erforderlich die Herde von Mitesser. Alle landwirtschaftlichen Hochschulen haben in diesem Fall einen Parasiten im Darm diagnostiziert, aber ich habe diese Theorie gründlich untersucht und möchte sagen, dass ich keinen Grund für eine solche Annahme gefunden habe.

VERBREITETE KRANKHEIT

RHEUMA

(Manchmal verwechselt mit Blackhead)

Mir schreiben sehr viele Leute wegen schwacher Beine bei Truthähnen. Natürlich handelt es sich dabei um häufiges Rheuma. Die Gliedmaßen erleiden eine Beeinträchtigung oder einen Funktionsverlust, sind heiß, geschwollen und steif. Da die Zehen dann aus der Form geraten, setzt sich das Geflügel beharrlich hin und kann die Sitzstange nicht benutzen. Das Herz kann betroffen sein und zum Tod führen. Ich hatte es ein Jahr lang in meiner Herde , das heißt, ich hatte mehrere Vögel, die der Krankheit zum Opfer fielen. Sie hockten sich die ganze Zeit hin. Durch das lange Sitzen ist das Brustbein zur Seite gewachsen. Sie waren fett und offenbar gesund, nur konnten sie scheinbar nicht längere Zeit aufstehen . Ich badete ihre Füße mit Senf und so heißem Wasser, wie ich dachte, dass sie es aushalten könnten. Ich habe die meisten von ihnen gerettet, aber es schien mir, dass sie nie so gut laufen konnten wie die Herde, die nicht betroffen war. Die Ursache dieses Leidens liegt darin, dass die Truthähne zu früh am Morgen rausgelassen werden, wenn der Tau auf dem Gras liegt, und dass sie an feuchten Orten herumlaufen dürfen. Zu dieser Zeit züchtete ich meine Herde im Tiefland. Ich habe noch nie etwas davon in meiner Herde gehabt, seit ich ins trockene Hochland gezogen bin. Geben Sie sechs Truthähnen fünf Tropfen Bryonia in einem halben Liter Trinkwasser. Achten Sie nach der Verwendung des Senfwassers darauf, die Keulen des Truthahns trocken zu wischen und anschließend die Rückseite der Keulen, die in den Körper führt, gut mit Kampferöl einzureiben. An einem warmen und trockenen Ort aufbewahren und dem Futter Schwefel hinzufügen (etwa einen halben Teelöffel auf vier Truthähne).

Truthähne gedeihen am besten im Hochland

„FAULES ERNTE" WIRD MANCHMAL MIT MITESESES verwechselt

Eine andere bei Truthähnen sehr häufige Krankheit, die Mitesser genannt wird, aber nichts mit Mitesser zu tun hat, ist das, was man bei einer gewöhnlichen Henne als „faulen Kropf" bezeichnen würde. Wenn dies geschieht, wird die Ernte sehr faul und schwer. Der Vogel trinkt Wasser, das im Kropf verbleibt und sauer wird. Ich musste den Vogel oft hochheben, den Kopf nach unten halten und den Kropf sanft reiben, damit das ganze Wasser aus dem Maul lief. Mit Hilfe einer Milchtestflasche mit langem Hals fülle ich die Ernte mit warmem Wasser und einem Viertel Teelöffel Backpulver darin und entlaste die Ernte, indem ich sie ein zweites Mal massiere. Dann gebe ich einen Esslöffel Olivenöl. Stellen Sie den Vogel einige Tage lang mit sehr wenig Futter von den übrigen Vögeln fern. Ich habe nie Schwierigkeiten, einen Vogel zu retten, der von etwas betroffen ist, das man gemeinhin als „faulen Kropf" bezeichnet. Wenn jedoch keine Linderung erfolgt, entwickelt sich ein Mitesser und der Truthahn stirbt.

Erkältung – Katarrh – Husten – Bronchitis

Dabei handelt es sich allesamt um wesentlich unterschiedliche Stadien und Symptome derselben Erkrankung. Die häufigste Ursache sind Nässe und Kälte. Husten ist tatsächlich ein Symptom, keine Krankheit, und steht mit den anderen drei in Zusammenhang. Es kann jedoch mit anderen Krankheiten einhergehen, und wenn die Ursache nicht bekannt ist, sollte insbesondere der Artikel über die Gruppe konsultiert werden. Bronchitis ist nur ein fortgeschrittenes Stadium oder eine verschlimmerte Form einer

Erkältung oder eines Katarrhs. Die drei Symptome sind durch mehr oder weniger starken Ausfluss aus Augen und Nase, Niesen, pfeifende Atmung und, insbesondere bei Bronchitis, durch Husten und ein rasselndes Geräusch im Hals gekennzeichnet. Um dies von roup zu unterscheiden , prüfen Sie, ob die Entladung beleidigend ist. Wenn dies der Fall ist, muss die Gruppe behandelt werden. wenn nicht, Katarrh oder Bronchitis. Befolgen Sie in allen Zweifelsfällen die für Gruppen aufgeführten Vorsichtsmaßnahmen .

Truthähne sind schon im Säuglingsalter anfällig für Herdenflucht, mehr noch als gewöhnliche Hühner, da eine Erkältung die Ursache all ihrer Probleme ist .

Behandlung: Bringen Sie den Truthahn in einen warmen, trockenen Unterschlupf und geben Sie ihm warmes, weiches Futter. Diese Maßnahmen werden normalerweise ausreichen, aber die folgenden werden als Hilfsmittel nützlich sein: Nur *gegen Erkältung oder Katarrh* , und es wird hier kein Unterschied zwischen ihnen gemacht, drei Tropfen starke Aconit-Tinktur in einen halben Liter des Getränks geben. Bei einer Schwellung im Halsbereich sind dreimal täglich zwei oder drei Gran der zweiten Quecksilberverreibung nützlich. *Bei einer Bronchitis geben* Sie zusätzlich zu den oben genannten Maßnahmen gesüßtes Wasser zum Getränk und fügen Sie einige Tropfen Salpetersäure oder Schwefelsäure hinzu . Geben Sie *sowohl bei Katarrh als auch bei Bronchitis* etwas Stimulans, zum Beispiel Ingwer oder Cayennepfeffer in die Nahrung oder Whisky ins Wasser. Behandeln Sie Katarrh und Erkältung umgehend, um zu verhindern, dass sich daraus ein Schnupfen entwickelt . Vernachlässigen Sie die Bronchitis nicht, damit sie nicht zum Schwinden führt.

RUP

Roup ist eine hoch ansteckende Krankheit, die zunächst die Schleimhäute des Schnabels befällt, sich dann auf die Augen, den Hals und den ganzen Kopf ausbreitet und schließlich die gesamte Konstitution befällt. Den manifesten Symptomen entsprechend wurde es Diphtherie, Kopfschmerzen, geschwollene Augen, Heiserkeit, Bronchitis, Krebs, Schnupfen, Grippe, Halsschmerzen, Angina, Blindheit und andere Namen genannt. Es befällt alle Altersgruppen und tötet junge Truthähne in sehr kurzer Zeit. Truthähne, die schlecht geschützt sind und in schmutzigen Unterkünften gehalten werden, werden von Gruppen heimgesucht .

Symptome: – Ruptur entwickelt sich entweder langsam oder schnell mit den allgemeinen Anzeichen einer schlimmen Erkältung im Kopf, wie z. B. pfeifendes oder niesendes Atmen, hohes Fieber und großer Durst. Der Ausfluss aus Augen und Nase ist gelblich, zunächst dünn, wird aber mit fortschreitender Krankheit immer dicker und ist sehr übel, da er die Augen, Nasenlöcher und den Rachen verschließt (diese Teile und der ganze Kopf sind manchmal enorm geschwollen, so dass es zur Erblindung kommt). , wodurch der Truthahn nicht in der Lage ist, sein Futter zu bekommen, und so den Niedergang des Systems beschleunigt); pustulöse Wunden um den Kopf und im Hals, die einen schaumigen Schleim absondern; die Atmung ist behindert; die Ernte ist oft geschwollen; Kamm und Kehllappen können blass oder dunkel gefärbt sein. Im Verlauf der Krankheit ist der Truthahn schwach und trübsinnig. Ein tödlicher Fall endet drei bis acht Tage nach dem Einsetzen der charakteristischen Gruppensymptome , und diejenigen, die nicht behandelt werden, während eine Epidemie vorherrscht, verlaufen im Allgemeinen tödlich. Wenn man einen Truthahn öffnet, der an Keuchhusten gestorben ist , findet man Leber und Gallenblase voller Eiter, das Fleisch ist weich, hat einen schlechten Geruch und ist, besonders im Bereich der Lunge, schleimig und schwammig.

Behandlung: – Es ist von größter Bedeutung, dass die Behandlung beginnt, sobald die ersten Symptome auftreten. Um das Herannahen der Krankheit zu erkennen (und jeder Truthahn in der Herde sollte verdächtigt werden, wenn einer infiziert ist), heben Sie den Flügel an und prüfen Sie, ob die Federn darunter zusammengeklebt sind, da der Truthahn die Angewohnheit hat, sich die Nase darunter abzuwischen Die Flügel und natürlich auch die Federn werden verfilzt und verschmutzen.

Bringen Sie den Truthahn an einen guten, warmen Ort. Waschen Sie ihren Kopf mit warmem Wasser und geben Sie ein oder zwei Tropfen Sulfonapthol in das Wasser. Mit einem guten weichen Tuch gut trocknen und *Mahaney-*Truthahnsalbe auf Kopf, Hals und Kropf einreiben . Öffne ihren Schnabel und öle die Innenseite ihres Mundes und Rachens gut mit der Salbe ein. Zu diesem Zweck kann ein kleiner Tupfer angefertigt werden. Geben Sie dreimal täglich eine der Mitesserpillen von *Margaret Mahaney und stellen Sie eine Pille in der Größe einer* guten Bohne her, wie folgt: eine Hälfte Senf und eine halbe Schwefel ; gleiche Teile. Geben Sie dem Truthahn jede Nacht eine dieser Pillen, und wenn er aufgrund der geschwollenen Augen und des Kopfes sein Futter nicht sehen kann, geben Sie ihm ein wenig Brot und Milch, weich und warm, bis er in der Lage ist, sich selbst zu ernähren. Ein oder zwei Tropfen Kerosinöl im Trinkwasser sind ein gutes Desinfektionsmittel für Truthähne.

Wenn eine Krankheit dieser Art in Ihren Truthahnstall gelangt, desinfizieren Sie Ihre Kotbretter und füttern Sie fünf Liter heißen Brei aus *Margaret Mahaneys* Truthahnfutter mit ein oder zwei fein gehackten Zwiebeln und geben Sie ihn in den Brei. Ein Teelöffel roter Pfeffer, der ihnen auch jeden Abend vor dem Schlafengehen verabreicht wird, hilft, die Ausbreitung der Krankheit zu verhindern. Halten Sie Ihren Truthahnstall sauber und trocken. Wenn Sie Anzeichen dieser Krankheit bemerken, ist es viel besser, den Kot jeden Tag zu entfernen, und wenn er rechtzeitig eingenommen wird, handelt es sich nicht um eine tödliche Krankheit.

VERBRAUCH DES HALSES

Zu den besonderen Symptomen einer Halsentzündung gehören häufiges Husten, eine raue Stimme und häufig eine mangelnde Nahrungsaufnahme aufgrund von Appetitlosigkeit oder Schmerzen beim Schlucken. Fieberanfälle mit anschließendem Schüttelfrost kommen mehr oder weniger regelmäßig vor. Halten Sie den Vogel zur Behandlung in einer sehr warmen Atmosphäre, hacken Sie die Zwiebeln sehr fein und mischen Sie sie unter das Futter. Geben Sie außerdem dreimal täglich einen Teelöffel Olivenöl mit ein bis zwei Tropfen Aconit auf eine Tasse Wasser.

Ich habe im Allgemeinen ein Krankenhaus für kranke Vögel, das gemeinhin als Krankenhaus bezeichnet wird. Das heißt, ich stelle einen Stall beiseite, halte ihn warm und lasse ihn mit einer Brutlampe, einem großen, erhitzen. Die Temperatur sollte bei etwa 70 Grad gehalten werden, bis der Vogel aufhört zu husten.

VERBRAUCH DER LUNGE

Ein charakteristisches Merkmal des Verzehrs von Brust oder Lunge ist eine tuberkulöse Ablagerung in Brust, Leber und Darm. Die ersten Symptome sind eine schwächere Stimme und gelegentliches Niesen. Wenn das Niesen morgens auftritt und tagsüber anhält, ist die Lunge betroffen, und schließlich zeigt sich ein aufgeblähtes Erscheinungsbild in der Brust. Wenden Sie bei Schwindsucht in der Brust die gleiche Behandlung an wie bei Schwindsucht im Hals. Geben Sie täglich ein paar Tropfen Eisentinktur (vier Tropfen auf eine Gallone Wasser) in das Wasser, bis sich das Aussehen des Vogels verbessert hat.

Licht, Belüftung und reine Luft sind drei der wirksamsten Mittel der Natur zur Bekämpfung von Krankheiten. Jeder Truthahn sollte ausreichend Sonnenlicht haben, wobei die Stärke und Direktheit der Strahlen durch das Klima bestimmt werden sollte, das nur natürlich ist. Zu denen, die häufige Sonnenbäder benötigen, gehören die wilden Luftvögel, und da der Truthahn ursprünglich ein Wildvogel war, benötigt er naturgemäß viel Sonnenlicht. Es spielt keine Rolle, wie heiß der Tag ist, der Truthahn liegt in der Sonne und scheint es zu genießen, wenn die Temperatur sogar bis zu 100 Grad beträgt. Aus diesem Grund halte ich meine Truthähne warm und behaglich, denn das dient der Vorbeugung von Schwindsucht oder anderen Krankheiten dieser Art.

Den ganzen Winter über sollte einem Truthahn ein gutes Schmutzbad zur Verfügung stehen. Leichter Sand, halb Lehm, mit etwas luftgelockertem Kalk. Der Truthahn wird darin eine Stunde lang schwelgen, es in vollen Zügen genießen und danach viel fröhlicher wirken.

Wenn Truthähne den ganzen Winter über auf dem gefrorenen Boden herumlaufen und in den Bäumen schlafen dürfen, wie kann man dann vernünftigerweise erwarten, dass sie in einem gesunden Zustand bleiben, wenn sie unbedingt warme, komfortable Quartiere brauchen? Wenn geeignete Ställe für Truthähne zur Verfügung gestellt werden, die warm, sauber und komfortabel sind und für die Wintermonate viel Kalk, Splitt und Holzkohle bieten, wird man feststellen, dass es im Sommer kaum Probleme mit Mitessern gibt und die Tendenz zum Verzehr usw. geringer ist Krankheiten in den kälteren Monaten.

Geschwollene Köpfe

Geschwollene Köpfe bei Truthähnen scheinen mir die vorherrschende Krankheit in diesem Frühjahr 1913 zu sein. Aus dem ganzen Land erreichten mich Beschwerden, auch kranke Vögel wurden zur Behandlung zu mir geschickt.

Ich weiß nicht, ob man es Ruptur oder Krebs nennen würde, aber es sieht aus wie eine gewöhnliche Erkältung, ein wässriger Ausfluss aus der Nase, die Augen halb geschlossen, manchmal ganz geschlossen, mit einer großen hervorstehenden Formation in der Augenhöhle unter den Augen, die, wenn sie dort belassen werden, zum Tod des Truthahns führen, nachdem der Truthahn sein Augenlicht verliert. Drücken Sie Ihre Hand sanft auf die Formation. Wenn die Bildung nicht hart geworden ist, sondern sich noch in einem schwammigen Zustand befindet, drücken Sie fest auf beide Seiten der Nase unter den Augen und drücken Sie den dicken, stinkenden Ausfluss, der sich angesammelt hat, heraus. Waschen Sie den Kopf mit Sulfo-Napthol oder Presto-Desinfektionsmittel, trocknen Sie ihn gut ab und desinfizieren Sie ihn dann mit meiner Salbe. Wiederholen Sie dies jeden Tag, bis es dem Truthahn gut geht. In der Zwischenzeit wird der Truthahn einen leichten, stechenden Husten verspüren, der durch einen wässrigen Ausfluss aus dem Kopf verursacht wird, der in die Nase hinunterfließt und in die Luftröhre tropft. Ein Mensch hat die Chance, Kopf und Rachen zu entlasten, der Truthahn hat diesen Vorteil jedoch nicht.

Wenn die Bildung in der Augenhöhle jedoch verhärtet ist, ist eine Operation notwendig. Jemanden haben Halten Sie den Vogel sanft auf der Seite, so dass die Flügel in natürlicher Form eng am Körper anliegen, denn bei diesem Kampf kann der Vogel leicht seine Flügel brechen. Waschen Sie den Kopf mit Sulfo-Napthol oder Presto-Desinfektionsmittel und trocknen Sie ihn gut ab. Halten Sie ein gutes, scharfes und gründlich sterilisiertes Operationsmesser bereit und sterilisieren Sie auch Ihre Hände. Etwa einen Viertel Zoll unterhalb des Auges finden Sie ein oder zwei Vorfächer. Sie müssen versuchen, diese nicht zu durchschneiden. Versuchen Sie immer, das Durchschneiden von Venen zu vermeiden. Machen Sie einen sauberen

Schnitt von etwa einem halben Zoll Länge, der direkt durch die Augenhöhle bis zum Schnabel verläuft, damit beim Abheilen keine Narbe zurückbleibt. Wenn der Truthahn gutes Blut hat und ein männlicher Vogel ist, ist es sehr wahrscheinlich, dass er ziemlich stark blutet. Dann stopfte ich das Blut mit Wattepads oder durch Baden mit Wasser gemischt mit etwas Alaun. Lassen Sie den Vogel für diesen Tag stehen. Öffnen Sie am nächsten Morgen den Schnitt und entfernen Sie den Krebs. Sie werden feststellen, dass es sich um eine gelbe, käsige Substanz mit einem sehr schlechten Geruch handelt. Entfernen Sie den gesamten Krebs, waschen Sie die Höhle mit Wasserstoffperoxid aus, trocknen Sie sie gut ab und füllen Sie die Höhle mit *Margaret Mahaneys* Salbe, die den Kopf weich und sauber hält. Waschen Sie den Kopf einige Tage lang leicht. Wenn die Wunde verheilt ist, bildet sich in der Wunde eine Art trockener Kern. Entfernen Sie es, waschen Sie es aus, und Ihrem Truthahn ist alles gut. Den Rest überlassen Sie der Natur.

Wenn Sie vor der Operation feststellen, dass die Beule unter dem Auge hart und weiß geworden ist und das Blut aus dem Kopf zurückgeflossen ist, müssen Sie nicht warten, bis die Wunde aufhört zu bluten. Sie können den Krebs sofort entfernen. [2]

In der Zwischenzeit geben Sie dem Futter eine Woche lang jeden Morgen einen halben Teelöffel Schwefel in einen warmen Brei aus *Margaret Mahaneys* Truthahnfutter. Dies hält den Darm in gutem Zustand und beschleunigt die Genesung des Truthahns.

Dieser Krebs wird manchmal im Rektum des Truthahns gefunden. Spritzen Sie den Vogel mit warmem Wasser ein, in dem ein kleines Stück kastilische Seife gelöst ist. Fügen Sie einem Liter Wasser einen halben Teelöffel Borsäure hinzu und waschen Sie den Vogel erneut mit der oben genannten Lösung, nachdem er gründlich ausgewaschen wurde. Trocknen Sie die Entlüftung gründlich ab und tragen Sie etwas süßes Öl auf. Tun Sie dies einige Tage lang mit Schwefel im Futter, und Sie werden feststellen, dass es dem Vogel gut geht. Verwenden Sie etwa ½ Teelöffel Schwefel auf ½ Pint Futter.

WUNDE AUGEN UND KOPF

Die Augen können durch Staub, übermäßige Hitze, Feuchtigkeit und andere Ursachen wund werden und einen wässrigen Ausfluss absondern. Der gesamte Kopf kann von der Entzündung betroffen sein. Solche milden Beschwerden sind von Krebs und Rötung zu unterscheiden , aber es ist immer sicher, bei letzteren scharf Ausschau zu halten, wenn die Augen wund sind.

Waschen Sie die Teile mit einer schwachen Lösung von weißem Vitriol (Zinksulfat) oder mit Alaunwasser oder mit einer Lösung aus Alaun und

Kampfer. Wenn der Ausfluss verharzt oder verhärtet ist, entfernen Sie ihn mit warmem Wasser und kastilischer Seife, gefolgt von Alaun und Wasser. Trocknen Sie den Kopf gut mit einem weichen Tuch ab und reiben Sie ihn dann sanft mit der Truthahnsalbe *von Margaret Mahaney ein , da sie alle Inhaltsstoffe enthält, die heilen und reinigen.*

Geben Sie etwa vier Truthähnen drei- oder viermal pro Woche einen halben Teelöffel Schwefel in das Futter mit einem Schuss rotem Pfeffer und etwas Eisentinktur ins Wasser (etwa vier Tropfen auf eine Gallone Wasser).

VERSTOPFUNG IN DER TÜRKEI

Verstopfung wird durch Verdauungsstörungen, Erkältung, zu enge Eingrenzung, zu viel Trockenfutter und zu wenig Grün, mangelnde Versorgung mit gutem Wasser und dergleichen verursacht. Dies äußert sich durch häufige Versuche, den Darm zu entleeren, die entweder völlig erfolglos blieben oder nur zu hartem, dunklem Kot führten. Der Truthahn ist unruhig und taumelt vielleicht.

Geben Sie reichlich grüne Nahrung und eine weiche Mischung aus Kleie und Haferflocken sowie zehn Tropfen Magnesiasulfat auf einen halben Liter Trinkwasser. Zusammen mit dieser Anleitung für das Futter empfiehlt es sich, zwei Tropfen Aconitum auf ein halbes Glas Wasser zu geben und dem Vogel jede Stunde einen Teelöffel der Lösung zu verabreichen, bis das Fieber verschwindet, gefolgt von einer Lösung aus zwei Tropfen Aconitum Nux vomica auf ein halbes Glas Wasser geben und jede Stunde einen Teelöffel der Lösung verabreichen, bis die Lösung gut ist, oder wenn eine Erkältung die Ursache ist, zwei Tropfen Bryonia im Wasser anstelle von Nux vomica verwenden. Ich habe diese Krankheit in meiner Herde oft gehabt, als die Truthähne etwa drei Monate alt waren, kurz bevor ich sie für einen guten Tag zum Wandern rausließ, deshalb empfehle ich immer viel guten Salat. Es hält den Darm in gutem Zustand, hält den Darm kühl und eignet sich hervorragend für alle Fiebermittel.

DURCHFALL

Diese Krankheit wird bei ausgewachsenen Truthähnen oft mit Mitessern verwechselt. Die Ursache dafür kann übermäßiger Verzehr von verdorbenen Lebensmitteln, schimmeligem Brot oder schimmeligem Getreide, unreinem Wasser, extremer Hitze, feuchtem Wetter, schmutzigen Räumen und allgemeiner Verdauungsstörung, Gift oder einer entzündlichen Erkrankung des Darms oder des Magens sein.

Die Symptome sind loser Kot in verschiedenen Farben, der das Gefieder verunreinigt, Abgeschlagenheit und ein Verlust der Kondition. Bei Ruhr, die aus einer Erkrankung des Darms resultiert, ist der Kot schaumiger und mit Blut vermischt und geht mit einer raschen Erschöpfung einher.

Eine Form von Durchfall, die sich wesentlich von den beiden beschriebenen unterscheidet, tritt bei einem alten weiblichen Truthahn auf, bei dem ein weißer Ausfluss mehr oder weniger ständig abfließt, oft tropft, und die Federn um die Öffnung herum mit einer weißen, kreideartigen Ablagerung verkrustet bleiben. Es ist zweifellos auf eine Störung der Muschelbildungsfunktion zurückzuführen und kann am besten durch die Förderung der allgemeinen Gesundheit und den Einsatz der unten aufgeführten Mittel behandelt werden.

Behandlung: Lassen Sie Ihren Apotheker Pillen aus einer Mischung aus fünf Körnern Kreidepulver, fünf Körnern Rhabarber und fünf Körnern Cayennepfeffer zusammenstellen. In schweren Fällen können Sie auch ein halbes Korn Opium hinzufügen. Geben Sie täglich zwei Tabletten. Ein weiteres gutes Heilmittel ist Kampferschnaps aus Gerstenmehl, je nach Alter drei bis sechs Körner für jeden Vogel, oder zehn bis zwanzig Tropfen davon können in einen halben Liter des Getränks gegeben werden. In milden Fällen und in anderen frühen Stadien kann pulverisierte Kreide auf gekochtem Reis ausreichend sein. Das zuletzt genannte Mittel wird für den weißen Ausfluss alter Weibchen empfohlen, bei dem die oben beschriebenen Pillen sowie etwas Kalkwasser verwendet werden sollten, das aus etwa ½ Teelöffel luftgelockerter Limette und ½ Pint Wasser für einen Vogel hergestellt wird. Lösen Sie die Flüssigkeit auf und gießen Sie sie dann ab, damit sie anstelle von klarem Wasser trinken können.

Beschränken Sie das Trinken bei allen Formen dieser Erkrankungen und geben Sie etwas Eisentinktur hinein (vier Tropfen auf eine Gallone Wasser).

Ruhr mit Blutausfluss ist eine schwerwiegende Erkrankung. Am besten ist es, einen Teelöffel Rizinusöl zu verabreichen, gefolgt von drei bis sechs Tropfen Laudanum alle paar Stunden, um eine ausschließlich milde Kost zu gewährleisten. Es ist wichtig, dass der betroffene Vogel ruhig gehalten und von der Herde ferngehalten wird, insbesondere bei Ruhr.

Isolieren Sie den betroffenen Vogel, wenn Sie Zweifel an der Art der Störung haben. Geben Sie ein paar Esslöffel gemahlene Kreide zu einem halben Liter warmem Brei aus *Margaret Mahaneys* Truthahnfutter. Auch für Legehennen im Alter von fünf bis sechs Jahren wird dies jederzeit von Vorteil sein. Geben Sie vier Truthähnen dreimal täglich einen halben Liter Brei. Ein wenig Kampfer, etwa in der Größe einer großen Bohne, auf vier Truthähne wird die Genesung beschleunigen; Einmal pro Woche ins Trinkwasser getropft, trägt dazu bei, die Vögel in einem guten Legezustand zu halten.

Durchfall bei kleinen Truthähnen

Der Durchfall eines kleinen Truthahns ist weiß, ähnlich wie bei einem gewöhnlichen Huhn, und wenn Sie genau hinsehen, werden Sie feststellen, dass die kleinen Beine weiß gepunktet sind und die kleinen Truthähne leblos sind und nicht zu gedeihen scheinen. Dann ist es an der Zeit, ihnen *Mahaney*-Tabletten zu verabreichen (vier bis ein Liter Trinkwasser für 10 oder 11 junge Truthähne). Kochen Sie ein Stück Fleisch, mahlen Sie es fein und geben Sie es in das Futter. So erhalten sie ihre Vitalität zurück. An feuchten Tagen hilft ein Tropfen Aconitum im Trinkwasser, Fieber jeglicher Art vorzubeugen.

GAPES

Es gibt viele Mittel gegen Lücken, aber die folgenden sind immer nützlich und zuverlässig. Es äußert sich zunächst dadurch, dass die Vögel umherstarren, als würde ein Mensch gähnen.

Füllen Sie eine gewöhnliche Ölkanne mit langem Hals, wie sie zum Ölen einer Nähmaschine verwendet wird, mit Kerosinöl; Öffnen Sie das Maul des Truthahns und warten Sie, bis er atmet, damit die Luftröhre geöffnet werden kann, und spritzen Sie dann einen guten Sprühstoß Kerosin ein, vielleicht insgesamt einen Teelöffel. Drei Dosen heilen die Truthähne normalerweise vom Klaffenwurm. Führen Sie die Behandlung dreimal täglich durch, morgens, mittags und abends. Halten Sie die Truthähne etwa eine Woche lang in ihrem Auslauf und bringen Sie sie dann auf neues Gelände.

BANDWURM

Der Bandwurm ist eine völlig andere Sache und weitaus schwerwiegender und verursacht im Wesentlichen die gleichen Symptome wie eine Verdauungsstörung. Befinden sie sich im Darm, können Blähungen oder Durchfall stärker ausgeprägt sein, während sich der Truthahn unwohl fühlt und an der Entlüftung herumstochert, wenn sie sich im unteren Teil des Darms befinden. In allen Fällen kommt es zu einem mehr oder weniger starken Fleischverlust und oft zu einem verminderten Glanz der Federn, während der Vogel entweder einen verminderten oder einen unersättlichen Appetit hat. Das einzige unverkennbare Symptom ist das Vorhandensein von Würmern im Kot, wenn sie zum ersten Mal ohnmächtig werden.

Ein ungesunder Zustand der Verdauungsorgane ist die Hauptursache. Die Behandlung hierfür ist ein Teelöffel Rizinusöl, gefolgt von einer leichten Zugabe von Schwefel zum Futter. Dies kann die Würmer vertreiben und die allgemeine Gesundheit wiederherstellen. Ein wenig Cayennepfeffer im Futter und Eisentinktur im Wasser unterstützen die Heilung. In einem solchen Fall ist die Verwendung von vier Tropfen Fermentöl auf einen Esslöffel Wasser von Vorteil. Morgens verabreichen, bevor der Vogel etwas gefressen hat.

Letztes Jahr hatte ich einen Vogel, der einen Bandwurm hatte. Als erstes fiel mir der Wurm im Kot auf. Ich nahm den Vogel mit, legte ihn auf einen Dielenboden und gab ihm eine ordentliche Portion Rizinusöl. Sie hatte jeweils nur die Hälfte des Wurms passiert und ich beobachtete sie sehr genau, bis sie den Kopf passierte.

Bei einem Bandwurmbefall ist der Kot mehr oder weniger weiß und kalkig. Ein Truthahn benötigt viel Limette. Ich habe sogar Truthähne an einer alten Mauer herumpicken sehen, wo sie verputzt war. Mit Sand vermischter Kalk sollte in allen Ecken des Hofes liegen bleiben, damit die Truthähne ihn fressen können, da er ein sicheres Mittel gegen Würmer darstellt.

PERITONITIS

Peritonitis bei Puten wird oft mit Mitessern verwechselt. Es handelt sich um eine sehr schwer zu behandelnde Krankheit, und nur bei milderen Fällen ist mit einem Erfolg zu rechnen. Der betroffene Vogel muss ruhig gehalten und vor jeglichem Luftzug geschützt werden. Um den Schmerz zu lindern und die Bewegung des Darms zu reduzieren, wird Opium in Dosen von einem (1) Korn alle vier Stunden empfohlen, oder es werden drei oder vier Tropfen Aconitum gemischt in ein halbes Glas Wasser geben und drei- bis viermal täglich einen Teelöffel davon verabreichen. Gegen Verstopfung werden Injektionen mit lauwarmem Wasser empfohlen. Nehmen Sie einen Wärmbeutel. Stellen Sie sicher, dass das Wasser nicht so heiß ist, dass es für den Truthahn unangenehm wäre. Wringen Sie ein Waschlappen aus warmem Wasser aus, legen Sie es über den Heißwasserbeutel und legen Sie den Beutel dann an die Bauchwand. Erneuern Sie sie so oft wie nötig, um eine feuchte Wärme aufrechtzuerhalten. Diese Behandlung sollte eine halbe bis eine Stunde lang fortgesetzt werden. Wiederholen Sie dies drei- bis viermal täglich und trocknen Sie die Wandoberfläche anschließend ab, damit der Vogel nicht erkältet. Bei großer Schwäche können ein oder zwei Tropfen Äther oder vier oder fünf Tropfen Kampfertinktur als Reizmittel unter die Haut injiziert werden.

Wenn die Krankheit auf einen Bruch des Eileiters oder eine Perforation des Darms zurückzuführen ist, ist eine Behandlung nutzlos; Wenn es sich um eine Darmentzündung handelt, sollte die Behandlung der Enteritis mit der Behandlung der Peritonitis kombiniert werden.

Beim Öffnen der Bauchhöhle eines Truthahns, der an einer Bauchfellentzündung gestorben ist, stellt man fest, dass die Auskleidungsmembran eine tiefrote Farbe hat und manchmal von einem Exsudat bedeckt ist, das aus einer dünnen, transparenten Schicht bestehen oder dick sein kann gelblich oder rötlichgelb. Der Bauch kann mehr oder weniger Flüssigkeit enthalten, die durchsichtig sein kann, oder er kann trüb mit einer gelben oder rötlichen Farbe sein. Wenn die Störung auf eine Perforation des Darms zurückzuführen ist, wird die Flüssigkeit aufgrund der Vermehrung der Fäulniskeime einen sehr unangenehmen Geruch haben. Wenn es sich um einen Bruch des Eileiters handelt, wird das Ei, sei es intakt oder zerbrochen, im Allgemeinen in der Bauchhöhle gefunden, und die gebrochene Stelle in der Wand des Eileiters ist leicht zu entdecken.

Die Autorin hatte kurz vor der Legesaison zwei Fälle von Bauchfellentzündung in ihrer Putenherde. Eines starb und das andere konnte ich retten, indem ich das gebundene Ei zerbrach und den Mastdarm mit einer Spritze ausspülte. Für eine solche Wäsche sollten vier bis fünf Tropfen Jod hinzugefügt werden. Es lindert Schmerzen und wirkt als Stimulans für den Vogel. Der Vogel muss nach einem solchen Vorgang drei bis vier Tage lang sehr warm und komfortabel gehalten werden. Es ist ratsam, den Vogel mit anregendem Futter zu füttern und ihn von den Brutställen fernzuhalten, bis er wieder zu Kräften kommt.

DER BRONZE-TRUTHAHN

DIE ORGEL UND GRÖSSE

Diese Sorte nimmt den Ehrenplatz ein. Es ist wahrscheinlich aus einer Kreuzung zwischen dem wilden und dem zahmen Produkt entstanden. Sein wunderschönes, üppiges Gefieder und seine Größe stammen vom wilden Vorfahren. Um diese Qualität aufrechtzuerhalten, werden kontinuierlich Kreuzungen vorgenommen. Auf diese Weise wurde die Mammutgröße erreicht. Ihr Standardgewicht liegt je nach Alter und Geschlecht zwischen 20, 36 und 40 und 50 Pfund. Von dieser Sorte werden wahrscheinlich jedes Jahr mehr angebaut als von allen anderen. Sie wurden von allen Seiten gedrängt, fast bis zum Ausschluss der anderen. Bis sich der Bronzetruthahn, wenn möglich, innerhalb weniger Jahre zu stark in Richtung Größe entwickelt hat. Während eine Körpergröße innerhalb angemessener Grenzen erwünscht und gefördert werden sollte, ist sie, wenn sie auf die Länge von Oberschenkel und Unterschenkel beschränkt ist, eine Gewichtszunahme mit nur geringem Mehrwert.

FÄRBUNG

Die Färbung dieser Sorte ist ein Grund aus schwarzer Bronze oder mit Bronze schattiert. Dieser Farbton ist satt und leuchtend, und wenn die Sonnenstrahlen von ihm reflektiert werden, glänzen sie wie polierter Stahl. Das Weibchen ist nicht so reich an Farben wie das Männchen, aber beide haben die gleiche Farbe und den gleichen Farbton. Ein Großteil seines Reichtums und seiner Farbe geht durch Inzucht verloren und wird jedes Jahr durch wilde Exemplare verbessert. Keines unserer Hausgeflügel leidet stärker unter Inzucht als der Truthahn. Wenn man die besten Ergebnisse erzielen möchte, sollte man sich davor stets hüten.

Truthahnaufzucht ist eine interessante und gesunde Beschäftigung

Auswahl der Zuchttiere

Natürlich sollte der Bronzetruthahn der größte sein, der kräftigste in der Konstitution und der ertragreichste im Wachstum sein. Dies wäre der derzeitige Status der Sorte, wenn der Auswahl der Weibchen für die Zuchttiere nicht zu wenig Aufmerksamkeit geschenkt worden wäre. Es sollte völlig klar sein, dass Größe und konstitutionelle Kraft größtenteils vom Weibchen ausgehen. Um diesen Einfluss in vollem Umfang nutzen zu können, sollten gut proportionierte, kräftige Weibchen im zweiten oder dritten Lebensjahr als Zuchttiere ausgewählt werden. Wählen Sie zu diesem Zweck keine sehr großen Exemplare aus; Die mittelgroßen sind normalerweise die besten. Entsorgen Sie untergroße Weibchen immer, da sie als Produzenten von geringem Wert sind. Wenn die Länge von Unterschenkel und Oberschenkel nicht im richtigen Verhältnis zueinander steht, sollte dies nicht mit der Größe verwechselt werden. Ein voll gerundeter Körper und eine volle Brust weisen am deutlichsten auf Wertigkeit hin; Größe und Stärke der Knochen weisen auf eine konstitutionelle Kraft hin, die stets durch die Auswahl der allerbesten Tiere für die Viehzucht aufrechterhalten werden sollte.

Wenn der Auswahl der Brutvögel besondere Aufmerksamkeit geschenkt wird und der Züchter die vorteilhaften Marktmerkmale – kompakte Form,

Brust- und Körperlänge sowie konstitutionelle Kraft – berücksichtigt, können beim Anbau dieser Sorte die zufriedenstellendsten Ergebnisse erzielt werden , aber egal, wie viel Sorgfalt man diesen Bedingungen schenkt, wird nur ein teilweiser Erfolg eintreten, wenn Inzucht zugelassen wird. Der Einsatz übergroßer Männchen mit kleinen Weibchen bringt weniger Vorteile als der Einsatz kleinerer Männchen mit gut ausgewachsenen, mittelgroßen Weibchen.

MARKETING

Natürlich können wir nicht alle unsere Truthähne zur Zucht verkaufen. Das würde den Tisch komplett seines Thanksgiving-Luxus berauben. Nachdem die Truthähne aufgezogen und für den Markt bereit sind, sollte der Tötung und dem Versand ebenso viel Sorgfalt und Aufmerksamkeit gewidmet werden wie der richtigen Aufzucht. Wenn diese Dinge nicht sinnvoll umgesetzt werden können, wäre es besser, sie lebend zu verkaufen. Käufer, die bereit sind, Truthähne zu töten, zuzubereiten, zu verpacken und zu versenden und die Federn aufzubewahren, sollten in der Lage sein, den Preis zu zahlen, den sie am Leben wert sind, und sie sollten besser mit Gewinn umgehen können als der Züchter, der das möglicherweise kann Seien Sie nicht bereit, diese Arbeit vorteilhaft zu nutzen. Es hängt so viel davon ab, sie in bestem Zustand zu vermarkten, dass kleine Züchter sie entweder aufbereiten und auf ihrem Heimatmarkt verkaufen oder, sofern dies zu einem fairen Preis möglich ist, lebend an jemanden verkaufen sollten, der mit der Verarbeitung solcher Bestände ein Geschäft macht. Töten Sie nur gut gemästetes Vieh. Es lohnt sich selten, ungünstige Aktien auf dem Markt zu verkaufen. Geben Sie den Truthähnen zwölf Stunden lang kein Futter, bevor Sie sie töten. Dadurch können sich ihre Samen und Eingeweide entleeren und die Gefahr des Verderbens wird weitgehend vermieden. Volle Ernten und Eingeweide werden auf den Wert angerechnet; Sie verunreinigen oft das Fleisch und verhindern, dass es längere Zeit haltbar ist.

DRESSING

Bei der Vorbereitung von Geflügel für den Markt ist immer die Trockenpflückung zu bevorzugen. Wenn der Truthahn in gutem Zustand ist, gut gepflückt und ohne Eis verpackt auf den Markt gebracht wird, ist er von seiner besten Seite und erzielt daher den höchsten Preis. Wenn das Geflügel gerupft ist, hängen Sie den Kopf an einen kühlen Ort, bis die gesamte Tierwärme aus dem Körper entwichen ist. Achten Sie darauf, dass Sie es nicht an einer Stelle aufhängen, an der es der Kälte ausgesetzt ist, da es sonst gefrieren kann. Entfernen Sie nicht den Kopf, die Füße oder die Eingeweide, sondern sorgen Sie dafür, dass der gesamte Kadaver, einschließlich Kopf und Füße, vollkommen sauber ist.

VERSAND

Für den Versand möglichst dicht in Kartons oder Fässern verpacken, die gut mit weißem Papier oder Manilapapier ausgelegt sind. Verwenden Sie kein braunes, verschmutztes oder bedrucktes Papier. Lassen Sie die Verpackung vollständig füllen, um ein Verrutschen des Geflügels zu verhindern. Legen Sie alle Köpfe in eine Richtung, mit den Brüsten nach oben. Verwenden Sie zum Verpacken kein Heu oder Stroh, da dies Flecken auf dem Geflügel hinterlassen und dessen Wert beeinträchtigen würde. Die obige Methode kann nur angewendet werden, wenn das Geflügel unverpackt in Eis auf den Markt gebracht wird, und wenn dies sicher entweder in Kühlwagen oder über eine kurze Strecke bei kaltem Wetter erfolgen kann, ist es bei weitem die beste Methode.

Der größte Teil muss jedoch in Eis verpackt sein. Verwenden Sie dazu bei Bedarf schöne, saubere Fässer, bedecken Sie den Boden mit zerbrochenem Eis, geben Sie dann eine Schicht Truthahn und dann eine Schicht Eis hinein. Fahren Sie damit fort, bis das Fass voll ist. Verwenden Sie zum Verpacken immer vollkommen sauberes Eis. Drehen Sie den Kopf des Fasses fest und markieren Sie den Inhalt deutlich auf dem Kopf. Wenn dies vermeidbar ist, versenden Sie niemals gemischte Mengen Geflügel in einem Paket.

Fußnoten

[1] Der Anruf war so heftig, dass es mir unmöglich war, das Geschäft mit den Arzneimitteln von meinem Haus in Concord aus abzuwickeln, und sie stehen jetzt bei der Park & Pollard Company in Boston zum Verkauf.

[2] Für die oben beschriebene Operation verwende ich in letzter Zeit ein Messer, das bei Park & Pollard's erhältlich ist und ein sogenanntes „Killing Knife" kann, und kann es nur wärmstens empfehlen.

9 789359 947983